ソフトウェア品質保証の基本

時代の変化に対応する品質保証のあり方・考え方

梯 雅人・居駒 幹夫[著]

日科技連

まえがき

　ソフトウェアをめぐる環境は運用面でも開発面でも目まぐるしく変化している．ほとんどのハードウェア製品がその内部にソフトウェアを含むようになり，ソフトウェアの寿命は人間以上に延び，ソフトウェアの開発方法も変革の波にさらされている．これらの変化に対応したソフトウェア品質保証のあり方を示すのが本書の第一の目標である．

　年々変化するソフトウェアやその運用・開発環境に対応して，ソフトウェア品質保証に関連する人の対応は大きく二つに分かれるように見える．

　古くからソフトウェアの品質保証に携わってきた人は，「過去に成功を収めた従来型の品質保証の考え方や施策を，どのように新しいビジネスや新しい開発環境，新しい開発プロセスに適用したらよいか」について良い解が見つけられない．そのため，本来なら新しいプロセスや環境で開発すべき製品について，従来の品質保証施策ができないことを理由に旧来のプロセスで開発して失敗する事例が出ている．

　一方，新しく品質保証に携わるようになった人は，古くからある品質保証施策の意味がよく理解できていない．そのため，新しい開発プロセスや新しい開発環境において，旧来型の品質保証施策を形式的に実行したり，必要性に気づかぬまま大した理由もなく重要な施策を止めてしまい，ソフトウェアの品質保証そのものに失敗するという事例も出ている．

　以上に挙げた両者には，共通する重要な課題がある．それは，ソフトウェア品質保証施策の本質的な意味が十分に理解されていないことである．

　「当該の品質保証施策は本質的に必要不可欠な施策だったのか」「そもそも何を前提にしている施策だったのか」「ある時期の経営方針にもとづき実施されていた施策なのか」「実施開始時のビジネス慣行やIT技術レベルに最適化されていた施策なのか」というような問いにうまく答えられない状態では，これまでのやり方を変更することも，中止することにも大きなリスクを伴う．

まえがき

あるやり方について，今後も継続して実行したほうがよいのか，捨てたほうがよいのかという判断をするときこそ，その施策の本質的な意味を理解する必要がある．これらの判断もせず，本質的に必要な品質保証施策を捨ててしまった場合，品質を確保されたソフトウェアを顧客に提供できず，一つのビジネスにとどまらず組織全体の信頼を失う危険性がある．一方，本来変更すべきであった従来の品質保証施策を継続することで，品質保証をするための一つの手段がボトルネックになって，新しいビジネスや製品，サービスなどに乗り遅れる危険性もある．

本書では，時代に左右されないソフトウェア品質保証の原則的な考え方，特に，今後10年，20年といった長い展望でのソフトウェア品質保証を考えるうえで知ってもらいたい本質的な指針を示している．こうして提示した原則や指針に従って，本書では，従来の施策および新しい施策の両方に対し，「それらの施策の目指しているところ」「それらを実行するための前提条件」「それらの施策を採用するときに判断するための材料」について解説し，また，「従来施策でも新施策でも共通している基本的な考え」についても解説していく．

「ソフトウェア品質保証」をテーマにした本書で取り上げるトピックは二つある．一つ目は「多様なソフトウェア開発方法に対応した品質保証」であり，二つ目は「ソフトウェアライフサイクル全体に対する品質保証」である．

以下，それぞれについて概要を説明する．

(1) 多様なソフトウェア開発方法に対応した品質保証

1980年代に日本で確立された「ソフトウェア工場」は，厳格に標準化されたソフトウェア開発プロセスを採用することで，定量的なソフトウェアの品質管理および品質保証を確立した．ところが，現在多様化するビジネスやソフトウェアの種類をまたがり，統一した開発プロセスに標準化するという「ソフトウェア工場」の前提は実現困難になっている．つまり，多様な開発プロセスを許容せざるをえない．

このとき，大きな課題となるのは，「これまでの品質保証施策は捨てるべき

なのか，それとも残すべきなのか」あるいは「もし捨てる場合には，その代替手段はあるのか」といった問いである．

本書はこういった問いへの対応策を提示するとともに，新しい開発方法であるアジャイルソフトウェア開発手法(本書では「アジャイル開発」と略称)における品質保証についても解説する．

(2) ソフトウェアライフサイクル全体に対する品質保証

旧来はソフトウェアの再利用が限定的で，ソフトウェアは一つひとつの製品に対して必要に応じて開発されることが多かった．このため，ソフトウェアの品質保証活動の多くは，自組織で開発したソフトウェアに対する品質保証であった．しかし2018年現在，パッケージソフトウェアやオープンソースソフトウェア(本書では「オープンソース」と略称)の活用も進んでいる．さらに，開発する場合でも初期開発だけでなく，過去に開発したソフトウェアからの派生開発も増えている．

組込みソフトウェアの場合，かつてはハードウェア(製品)の寿命とともにソフトウェアも寿命となる場合が多かったが，2018年現在，ハードウェアの世代を越えてソフトウェアが活用されるようになってきている．

本書では，ソフトウェア開発時はもちろん，ライフサイクル全体(購入，開発，保守，インシデント管理，事故対策，サポート終了)といった各場面におけるソフトウェア品質保証について読者が理解できるよう解説する．

本書の主たる対象読者は，ソフトウェア品質保証の業務機能を設計したり，ソフトウェア品質保証に携わる組織を改革したりする人である．「組織内に品質意識を根付かせたい」と思う経営者や管理者，「自分の担当するソフトウェアやサービスの品質を向上させたい」と思う設計者やプログラマの人もぜひ読んでいただきたい．また，「「まえがき」に書いた課題に興味がある」「単にソフトウェア品質に対して興味がある」と思う人にも参考になる情報を多く記述したつもりである．興味がある部分だけでも読んでいただけるとありがたい．

まえがき

　本書の著者は，梯，居駒の二名であるが，記述内容の基本となる考え方，施策は日立製作所の旧ソフトウェア事業部の品質保証部，その前身のソフトウェア工場検査部の大勢の諸先輩方の貴重な成果にもとづくものである．また，ソフトウェアのライフサイクルにわたるサポート，アジャイル開発をはじめとした新しい開発プロセスの品質保証は，日立製作所サービス＆プラットフォームビジネスユニット横浜事業所の設計関連，サポート関連，品質保証関連の多数の部門の取組みを参考にさせていただいた．特に品質保証部門の同僚には本書内容に関して貴重な意見を多数いただいた．関連した日立の皆様には，深く御礼を申し上げたい．なお，本書において記述誤りがあるとしたら，すべて著者の責任であることを明記する．

　書籍化に際しては，日科技連出版社の編集者にスケジュール，内容の両面で著者側のわがままの多くを聞いていただいた．深く感謝を申し上げたい．

　2018 年 9 月

梯雅人・居駒幹夫

ソフトウェア品質保証の基本
目次

まえがき ……………………………………………………………… iii

第1章　ソフトウェア品質保証の今日的な課題 ─────── 1

1.1 ▶本章の概要 ………………………………………………… 1
1.2 ▶ソフトウェアを取り巻く環境変化およびそれらに対応するための課題 ……………………………………………………… 1
　　1.2.1　ハードウェアおよびネットワークの性能向上　1
　　1.2.2　ソフトウェアを活用する分野の拡大　2
　　1.2.3　ビジネスにおけるソフトウェアの位置づけの変化　3
1.3 ▶情報システムおよびソフトウェアの変化に対応した課題 …… 3
　　1.3.1　ソフトウェアの長命化　3
　　1.3.2　ネットワークを介したフレキシブルな情報システム　4
1.4 ▶ソフトウェア開発方法の変化に対応した課題 ……………… 5
　　1.4.1　自組織で開発しないソフトウェアの増大　5
　　1.4.2　オープンソースベースの基盤ソフトウェア利用　5
　　1.4.3　ソフトウェア開発技術の進化　6
　　1.4.4　運用者および開発者の密な連携　6
1.5 ▶ソフトウェア品質保証が直面している課題 ………………… 7
　　1.5.1　多様化したソフトウェア開発方法および使用環境に対応した品質保証方式　7

目 次

   1.5.2　全ライフサイクルにわたるソフトウェアの品質保証
    方式　7
   1.5.3　組織的なソフトウェア品質保証方式　8

第2章　ソフトウェア品質保証の原則 ——— 9

2.1 ▶本章の概要 …………………………………………………… 9
2.2 ▶ソフトウェア品質保証の原則 …………………………… 10
  2.2.1　顧客視点の品質保証　10
  2.2.2　組織的な品質保証活動　15
  2.2.3　定量的な先手品質マネジメント　19
2.3 ▶ソフトウェア品質の基礎概念および用語 …………… 22
  2.3.1　品質マネジメントと品質保証，品質管理　22
  2.3.2　ISO 9001の品質7原則　23
  2.3.3　不良，故障，事故，インシデント　24
  2.3.4　検証（Verification）と妥当性確認（Validation）　26
  2.3.5　プロダクト品質とプロセス品質　27
  2.3.6　狩野の品質モデル　27
  2.3.7　ソフトウェアの品質モデル，品質特性　30

第3章　ソフトウェア開発の品質保証 ——— 35

3.1 ▶本章の概要 ………………………………………………… 35
3.2 ▶ソフトウェア開発における品質保証の流れ ………… 36
3.3 ▶品質の把握・定義フェーズ …………………………… 37
  3.3.1　概要と現状の課題　37
  3.3.2　利用時の品質要求の特定　39
  3.3.3　外部品質要求への展開　45
  3.3.4　品質機能展開（QFD）　49

3.4 ▶ 品質の計画および作り込みフェーズ ………………………… 50
    3.4.1 　概要と現状の課題　　50
    3.4.2 　品質保証観点でのウォーターフォール型開発　　53
    3.4.3 　ウォーターフォール型開発における品質の計画および作り込み　　57
    3.4.4 　品質保証観点でのアジャイル開発　　68
    3.4.5 　アジャイル開発における品質の計画および作り込み　　76
    3.4.6 　アジャイル開発を採用する際の課題　　83
    3.4.7 　ソフトウェア開発プロセス多様化への対応　　89

3.5 ▶ 品質の最終確認フェーズ ……………………………………… 94
    3.5.1 　ソフトウェア品質探針　　94
    3.5.2 　ソフトウェアの妥当性確認（validation）　　95
    3.5.3 　プロジェクトレベルの振り返り　　97

3.6 ▶ ソフトウェア開発における品質保証活動のまとめ ………… 97

第4章　フィールド品質保証と
　　　　ソフトウェアサポート ——————— 101

4.1 ▶ 本章の概要 ……………………………………………………… 101

4.2 ▶ フィールド品質保証活動 ……………………………………… 102
    4.2.1 　フィールド品質保証活動の概要　　102
    4.2.2 　フィールド品質保証全体での考慮事項　　104
    4.2.3 　インシデントの受付　　106
    4.2.4 　インシデントの分類，切り分け，初期サポート　　107
    4.2.5 　緊急を要する事故の初期対応　　109
    4.2.6 　難解な事故原因の調査　　110
    4.2.7 　ソフトウェアの修正，テスト　　112

  4.2.8 事故原因となった不良の分析 113

  4.2.9 予防保守 114

4.3 ▶ ソフトウェアサポートの動向 …………………………… 115

  4.3.1 ソフトウェアサポートサービスのビジネス化 116

  4.3.2 サポートサービス対象の拡大 118

  4.3.3 IT サービス化への対応 119

  4.3.4 サポートサービス期間の拡大 123

  4.3.5 新しい形のソフトウェアサポート 124

4.4 ▶ 組織的なソフトウェアサポート管理 …………………… 125

  4.4.1 フィールドでの稼働管理 125

  4.4.2 サポート品質のマネジメント 128

  4.4.3 サポートサービスの組織的な位置づけ 129

4.5 ▶ ソフトウェア開発へのフィードバック ………………… 130

  4.5.1 クレームおよび事故データの精査 130

  4.5.2 クレームおよび事故情報のソフトウェアへの反映 131

  4.5.3 クレームおよび事故情報の開発プロセスおよび開発環境への反映 134

4.6 ▶ 将来のソフトウェアサポート …………………………… 136

第5章　組織的なソフトウェア品質マネジメント ——————— 137

5.1 ▶ 本章の概要 ………………………………………………… 137

5.2 ▶ 組織的品質マネジメントの概要 ………………………… 137

  5.2.1 組織的品質マネジメントの必要性 137

  5.2.2 組織的品質マネジメントの課題 138

5.3 ▶ 組織的品質マネジメントの基礎 ………………………… 140

5.4 ▶組織的品質マネジメントの実際 ………………………… 141
 5.4.1 事故事例の共有による品質意識の醸成 142
 5.4.2 組織全体の品質向上運動 143
 5.4.3 事故事例の組織への反映（日立の落穂拾い） 144
 5.4.4 組織的知識の蓄積と知的財産権の適切な制御 148
 5.4.5 組織的品質マネジメントの今後の方向性 155

5.5 ▶継続的かつ組織的品質向上に対する取組み ………………… 157
 5.5.1 組織的品質向上フレームワークの概要 158
 5.5.2 組織的品質向上の現状の課題と対策 159
 5.5.3 組織的ソフトウェア品質改善サイクル 162

第6章　ソフトウェア品質保証を支える技術 ── 167

6.1 ▶本章の概要 ……………………………………………… 167
6.2 ▶品質保証としての技術の課題 ………………………… 167
6.3 ▶品質保証観点のレビュー ……………………………… 169
 6.3.1 品質計画および品質施策にもとづいたレビュー 169
 6.3.2 品質保証でのレビューのポイント 171

6.4 ▶静的解析によるソースコード品質の評価 ………………… 173
 6.4.1 保守性や移植性に対応した静的解析の必要性 173
 6.4.2 保守性や移植性から見た静的解析の観点 174
 6.4.3 保守性や移植性に対応した静的解析の適用手順 175

6.5 ▶品質保証観点でのテスト ……………………………… 176
 6.5.1 品質保証観点のテストの特徴 176
 6.5.2 品質保証の立場でのテスト観点 178
 6.5.3 品質保証観点でのテストにおける主な施策 179

第7章　これからのソフトウェア品質保証 ── 189

目　次

7.1 ▶本章の概要 …………………………………………………… 189
7.2 ▶新技術に対応した品質保証技術 ………………………………… 189
　　　　7.2.1　ハードウェアのコモディティ化と多様化　189
　　　　7.2.2　深層学習　190
7.3 ▶本書の読者への今後の期待 …………………………………… 192

付録：ソフトウェア品質保証原則と対応する施策一覧 …………………………………………………… 195

索　引　198

■コラム

顧客が決めるバグの定義　14
質的調査，質的分析の重要性　44
GUI 部分の信頼性　46
プロジェクトマネジメントと製品品質　53
しぶといバグ，長寿命不良との闘い　65
バックログという用語の意味　75
agile，Agile，アジャイル　88
開発者から見た品質，お客様から見た品質　98
難しい条件でのみ顕在化する摘出困難な不良が顧客先でなぜすぐに顕在化？　113
製品出荷後の価値向上に向けた品質保証活動　121
作り込み時期に戻って品質向上　131
顧客の立場に立った合理性の理解　133
稼働率を下げてしまうサポート作業　135
日立製作所における顧客経験価値向上の事業所運動の事例　143
落穂拾いは「油挿しに会おう」が原点　145
フィールド品質指標と社内の品質指標との比較の重要性　149
KPI 疲労にご注意を！　151
顧客の使用環境をシミュレートしたシステムテスト　180
同件事故でわかる品質保証テスト環境の問題点　181
米国でのテスト自動化今昔　185

第1章
ソフトウェア品質保証の今日的な課題

1.1 ▶ 本章の概要

　情報技術の発展によって，今までにない製品やビジネスが次々に誕生し，それら新製品や新ビジネスを介して，すべてのビジネスが情報化されつつある．この動きを支えるソフトウェアおよびソフトウェアの開発方法も日々変化している．ソフトウェア品質保証もその例外ではない．昔は当たり前だと思っていたソフトウェア品質保証の施策の多くが適用しにくくなってきている．また，新ビジネスに対応した新たな品質保証方式が見当たらないと嘆いている方も少なくないはずだ．

　本章ではまず，21世紀以降のソフトウェアを取り巻く環境変化に関連した課題(1.2節)，ソフトウェア自身の変化に関連した課題(1.3節)，ソフトウェアの開発環境や開発方法に関連した課題(1.4節)をまとめる．続いて，これらに対応したソフトウェア品質保証の課題をまとめる(1.5節)．

1.2 ▶ ソフトウェアを取り巻く環境変化およびそれらに対応するための課題

1.2.1　ハードウェアおよびネットワークの性能向上

　ソフトウェアが動作するハードウェアおよびネットワーク環境の性能はすべて向上し続けている．半導体の性能が10年で100倍アップするという「ムー

アの法則」は，ここ20年でおおむね継続した．実行性能だけでなく，主記憶，ストレージといったメモリ容量や，ネットワークの帯域幅など，すべてのソフトウェアの実行環境において，抜本的な能力の向上が見られている．

　こうした背景からソフトウェア品質の基準が変化しているため，顧客のソフトウェアに対する満足度も昔とは大きく変化している．例えば，20年前に「操作性品質が高い」と評価されていたソフトウェアが現在でも高品質である可能性は低い．また，今日のハードウェアやネットワークの性能を十分に生かせないようなソフトウェアは市場性を失っている．

　今日でも通用するソフトウェア品質保証を行うためには，常に基盤技術の進歩に伴う顧客の満足度の基準を知り，それらに随時対応していく必要がある．

1.2.2　ソフトウェアを活用する分野の拡大

　これまでソフトウェアとは縁の薄かった分野で，ソフトウェアが活用されるようになってきた．例えば，社会を支える基幹分野(電気，道路，交通，水道など)においては，従来専用のハードウェアベースで複雑なシステムを構築していたが，昨今汎用的な情報機器とソフトウェアを組み合わせた構成に変化してきている．

　この結果，現在では，これまで人間が受け持っていた業務機能やハードウェアの機能がソフトウェアに置き換えられるようになってきた．ソフトウェアが提供するサービスも，企業の業務サービスに限らず，個人が日常的に使う電器製品や事務用品はもちろん，交通機関や建築物(住宅や学校，オフィスビル)に組み込まれた社会インフラ，さらには，ゲーム類などの娯楽と，その幅が広がっている．このようなダイナミックな変化が全世界的に継続して進行しているのがこの現代である．

　このとき，実現方法がハードウェアであってもソフトウェアであっても，できあがったシステムや製品に求められる品質は変わらないことには注意が必要である．ソフトウェアを使って実現したので「頻繁に停電する」「自動ドアが誤動作する」「製品がすぐに壊れる」ということがあってはならないのである．

特に社会の基幹分野を支えるソフトウェアの多くでは，品質，そのなかでもセキュリティが重視されている．今後のソフトウェア品質保証では，顧客からの明示的な要求がなくとも，当たり前品質としてセキュリティや法令による規制にも十分考慮する取組みが必要になる．

1.2.3　ビジネスにおけるソフトウェアの位置づけの変化

　これまでの業務系のソフトウェアの多くは，既存のビジネスを効率化する道具だった．つまり，「人が処理していた業務」や「特定のハードウェアの機能」を代替するためのソフトウェアという位置づけだった．

　しかし，昨今新しいビジネスに対応したソフトウェアを開発する機会が多い．さらには，「それがなければビジネスが成立しない」というようなソフトウェアも増えている．これらの新規性の高いソフトウェアを開発するときに，過去の経験から得られた定型的なシステム要求やソフトウェア要求というものはない．

　すなわち，これらのソフトウェアに対する要求は常に変化する．顧客の満足も，月単位や年単位でそれぞれ大きく変化していく．このようなソフトウェアの開発はアジャイル開発のような適応的な開発が求められている．そのため，こういった適応的な開発方法に対応できるようにソフトウェア品質保証の方法にも大きな変革が求められている．

1.3 ▶ 情報システムおよびソフトウェアの変化に対応した課題

1.3.1　ソフトウェアの長命化

　ソフトウェアの品質保証が必要となる場面は，開発時点ではもちろん，顧客がそのソフトウェアを使い続ける限りあり続ける．

　かつて一世を風靡したメインフレームのソフトウェアを考えてみよう．

1960年代半ばまでソフトウェアとハードウェアは一体であり，ソフトウェアの寿命は新しいハードウェアの登場とともに尽きていたが，それをIBM社の360アーキテクチャのメインフレームが一変した．すなわち，360アーキテクチャのメインフレーム用に開発されたソフトウェアは，その後の幾多のメインフレームのアーキテクチャ変更にもかかわらずソフトウェアは生き続けている．1980年代以降，UNIXやWindowsベースのシステムが隆盛し，メインフレームはレガシーシステムとよばれている．だが，それらに搭載された多くのソフトウェアが現代社会のインフラなどの中枢を支えているのもまた事実である．こうしたソフトウェアについては，今後10年や20年はサポートが必要となるが，「どのようにサポートおよび品質保証を行うべきか」ということが今後の大きな課題になっている．

　これは決してメインフレーム用のソフトウェア特有の現象ではない．移植性の高い言語で書かれ，よく使われるソフトウェアは，ハードウェアのアーキテクチャが新しい世代を迎えても生き残る．現時点なら，旧来のシステムの開発者が現役なので人に依存した保守が可能かもしれない．しかし，そのような技術者が引退した後も，ソフトウェアのサポートや品質保証を続けていく可能性は高く，人に依存した保守は不可能になりつつある．

　一方，ソフトウェアの品質保証は慈善事業ではない．「いかに顧客に長期間満足していただけるか」だけでなく「どのような方式にすれば顧客，ベンダ双方が満足することが可能か」といった問いに答えるソフトウェア品質保証方式を確立することが，喫緊の課題の一つになっている．

1.3.2　ネットワークを介したフレキシブルな情報システム

　今世紀に入るまでの業務システムの多くは組織内に閉じていた．既存の各種業務を組織やその事業単位が運用するサーバマシン上で電子的に処理するという形態が主流であった．現在では組織内だけでなく，企業間や顧客間もネットワークで結ばれるようになった．また，インタネットの発展により，ビジネスのグローバル化，ボーダレス化の動きも進んでいる．さらには，単一のサーバ

がサービスを提供するという形態から不特定多数のコンピュータが連携して1つのサービスを提供するという形態も増加している．現代では，「自社内で使用している情報システムやハードウェアでさえも，実は自社の外の資源を使っていた」といった事態は普通に起こり得ることである．

開発されたソフトウェアが使われる環境は年々複雑化していく．そのため，固定的な形態で使われるソフトウェアの品質保証に比べて，開発時の品質保証活動および開発後のサポート活動の両面で解決すべき問題の量，難易度ともに段違いになってきている．

1.4 ▶ ソフトウェア開発方法の変化に対応した課題

1.4.1　自組織で開発しないソフトウェアの増大

20世紀まで品質保証対象のソフトウェアは主に自分たちの組織が開発したソフトウェアで，これを前提にソフトウェア品質の計画や目標値設定などを行っていた．しかし時代は変わり，21世紀の現在さまざまな「自分で開発していないソフトウェア」の品質保証が求められている．パッケージ製品の活用，フレームワークベースの開発，オープンソースの活用，自組織の再利用可能ライブラリの流用などである．これらのソフトウェアも含めた品質保証のために「どのように対象ソフトウェアの規模や品質を見積もり，どのように品質を確保・保証していくか」が大きな課題になっている．

1.4.2　オープンソースベースの基盤ソフトウェア利用

基盤ソフトウェアのコモディティ化も進んでいる．一昔前のソフトウェアの品質保証は，組織内のサーバシステム内の業務プログラムやそれを支えるミドルウェア，OSを暗黙的なターゲットとして組み立てられていた．このなかでもミドルウェアやOSにはベンダの手厚い品質保証があった．しかし，現在，

これらの基盤ソフトウェアは，オープンソースによるコモディティ化が進んでいる．またオープンソースは，サポートがあっても品質保証されるバージョンが限定されていたり，常に新しい機能が加わったりしているため，自分の開発する部分も含めたシステム全体の品質保証が難しくなっているのが現状である．

1.4.3　ソフトウェア開発技術の進化

ハードウェアおよびネットワーク性能の向上によるインパクトはソフトウェアの開発環境にも及んでいる．例えば，「時間的に実行困難であったテストが短時間で実行可能になった」「何千台といったクライアントをテスト時だけに一時的に用意するようなクラウドが登場した」「遠隔地とのソフトウェアの共同開発がネットワーク性能の向上によってスムーズになった」など，挙げればキリがない．

ソフトウェア開発をサポートするツールも大きく変化してきている．例えば，それまでパッケージソフトウェアとして提供されていたソフトウェア開発ツールの多くがサービス化されてきている．また，Webサービスなどを使ったサービス間の連携により，ソフトウェア開発プロジェクトの開始から終了までの各種作業の効率化が進んでいる．さらに，テスト自動化を支援するツール（ソフトウェアおよびハードウェア）の発展により，これまで自動化が困難だった人間の操作が必要なテストの自動化も可能になってきた．

以上に挙げたような，ソフトウェア開発技術やツールの進化に対応したソフトウェア品質保証の改善も課題の一つである．

1.4.4　運用者および開発者の密な連携

インタネットで多くの顧客をもつサービスの提供者は，日々新しいサービスの提供が求められる．またトラブルが発生しても，サービスの継続提供が求められる．このようなサービスに関連するソフトウェアでは，「開発者が長い期間をかけて開発し，それを運用者が適用する」というような開発スタイルはなじまない．以上の理由でサービスに使われるようなソフトウェアについては，

開発現場と，サービス提供や運用の現場が一体化するようになってきた．

この体制の場合でも，何らかの形で品質を保証するプロセスが組み込まれる必要があるものの，これまでのウォーターフォール型開発の品質保証方式では対応できないという課題がある．

1.5 ソフトウェア品質保証が直面している課題

1.5.1 多様化したソフトウェア開発方法および使用環境に対応した品質保証方式

1980年代のソフトウェア工場のような画一的な開発が不可能になっている．特に大きなソフトウェア開発組織でプロセスモデルを統一するのが難しくなっている．

「ウォーターフォール型開発をしないとデータがとれない．だから，ウォーターフォール型」というのは本末転倒であるが，「ソフトウェアをアジャイル開発にするから，他のプロジェクトやハードウェアもすべてアジャイル開発にする」というのも現実的な考え方ではない．

今後あるべきソフトウェア品質保証は，さまざまなソフトウェア開発方法に対応したものでなければならない．

1.5.2 全ライフサイクルにわたるソフトウェアの品質保証方式

開発時点での品質管理や品質保証だけでなく，ライフサイクルレベルで品質保証を考えなければならない．「開発後のソフトウェアをどのようにサポートするか」という観点は重要である．また，開発後のソフトウェアが「再利用された」または「当初想定していなかったプラットフォームに移植された」といった場合における品質保証を考慮することも必要となる．そして，ソフトウェアの寿命を尽きさせるようなアクションについても最後には考えていく必要が

ある．

1.5.3　組織的なソフトウェア品質保証方式

　ある組織においてソフトウェアの重要性が増すということは，ソフトウェア関連のトラブルによって，その組織の信用に傷がつく可能性が高くなるということでもある．

　ここまで説明してきたように，ソフトウェアおよびソフトウェア開発方法はますます多様化してきている．しかし，それに対応してソフトウェアの品質保証は不要ということにはならないため，新しい時代に対応した組織的な品質保証方式を追い求めていく必要がある．

第2章
ソフトウェア品質保証の原則

2.1 ▶本章の概要

　本章は,「ソフトウェア品質保証を組織的に構築していこう」と考えている読者に,まず考慮してもらいたいソフトウェア品質保証の原則を記述する.すでに組織的なソフトウェア品質保証が機能している組織の読者も今一度確認のために一読してほしい.

　ソフトウェア品質保証技術は,開発するソフトウェアの性質や開発時に採用しているプロセスによって大きく異なる場合がある.しかし,本章で解説するソフトウェア品質保証の基礎は,ソフトウェアの種類や開発プロセスに依存しない.開発するソフトウェアが,業務プログラムでも,組み込みソフトウェアでも,パッケージソフトウェアでも,その品質保証の基礎となる原則を解説する.これは,顧客にソフトウェアを提供する場合でも,サービスのみを提供する場合でも有効である.また,開発方法としてウォーターフォール型開発を採用しても,アジャイル開発を採用しても有効である.

　したがって,本章の内容はこれまでとは異なるソフトウェアを開発する,これからソフトウェア開発方法を変更するというソフトウェア開発組織でどのようにソフトウェア品質保証の方式を設計・変更するべきかを考えるための基礎になるだろう.

　本章の構成を説明する.まず,顧客視点,組織的,定量的といったソフトウェア品質保証の原則を解説し(2.2節),続いて,ソフトウェア品質を理解するために必要な基本概念について補足する(2.3節).読者には,品質保証の原則

を読んでもらった後，必要に応じて，なじみのない用語や概念などを2.3節で確認してほしい．

2.2 ▶ ソフトウェア品質保証の原則

ソフトウェア品質保証の原則を大きく以下の3カテゴリに分けて説明する．
① 顧客視点の品質保証
② 組織的な品質保証活動
③ 定量的な先手品質マネジメント

以上のカテゴリごとに，読者の組織で，「ソフトウェア品質保証の原則がどの程度考慮されているか」「ソフトウェア品質保証の業務機能がどの程度確立できているか」をチェックできるようにした．チェック項目のまとめは付録にも掲載している．一通り読んでから付録でチェックするのもよいであろう．

2.2.1 顧客視点の品質保証

ソフトウェア品質に関する活動，特に品質保証は，ソフトウェアを開発している組織のなかで閉じて行うべき活動ではない．自組織のソフトウェア製品やサービスについては，顧客が使っている場，すなわちフィールドにおける品質や顧客の満足度を把握すべきである．そのようにして把握した情報を起点に組織内での活動を企画・実行し，効果を測定して継続的にフィールドでの品質や顧客満足度を向上させていく必要がある．

原則1-a　提供している製品・サービスのフィールドでの品質を把握する．

ソフトウェアが使われているフィールドでの品質実態を把握するのが，ソフトウェア品質保証の第一歩である．ソフトウェア品質保証のためには，開発時の品質データだけではなく，フィールドでの品質データも計測することで，ソフトウェアの品質向上に活用する．「開発組織内で摘出される不良数を測定・

解析し将来的に作り込む不良数を減少させる取組み」は，ソフトウェア品質管理の取組みとして不可欠であるものの，ソフトウェア品質保証の取組みとしては必ずしも十分ではない．フィールドでの可用性，発生させた故障数，フィールドから来たクレーム，質問，要望などといった顧客の満足度に直結するデータを抜きにソフトウェアの品質保証は成り立たないからである．すでにフィールドで活用されているソフトウェア品質保証の起点は「提供している製品やサービスが，フィールドで顧客に結果としてどれだけ満足してもらえているか」について知ることにある．

以上の関連施策として，3.3.2 項「利用時の品質要求の特定」および 4.3.1 項「ソフトウェアサポートサービスのビジネス化」の「(2)顧客それぞれに対応したサポートサービス」を参照してほしい．

原則 1-b　フィールドでの製品やサービスの使われ方を把握している．

フィールドでの実態を把握しなければならないのは品質だけではない．提供している製品やサービスが「どのような構成で，どのように使われているか」についても把握する必要がある．こうして把握した結果を用いて，開発時の機能設計やテストなどに反映し，開発時の品質保証活動をフィールドの実態とできるだけ同じようにする必要がある．

例えば，あるソフトウェアの使用方法をテストするとき，そのマニュアルの記述を使ってテストする場合がある．マニュアルの品質保証としてはその方法は正しいのだが，フィールドでの顧客は開発者側の意図であるマニュアルの操作手順どおりに当該のソフトウェアを使っていない可能性がある．さらには，顧客サイトなどで，ネットワークやハードウェア，ソフトウェアの構成を構築するようなソフトウェアを使用している場合，マニュアルなどに(開発者側が想定する)構成は書かれていても実態のフィールドでの構成は，個々の顧客によって大きく異なってくることもある．「単に自分の作りたいものができたかどうか」という観点でしか設計やテスト，品質保証を行うことのできない組織は，真の意味で品質保証が根付いているとはいえない．

品質保証対象のソフトウェアが新規に開発された場合，フィールドでの使い方を把握するのは困難であるものの，当該のソフトウェアの使用環境や，顧客の（既存の）業務プロセスなどを把握することで，そのソフトウェアがどのような環境で，どのように使われるのかを把握することが可能になる．

以上の関連施策として，3.3.2項「利用時の品質要求の特定」，4.3.3項「ITサービス化への対応」，4.5.2項「クレームおよび事故情報のソフトウェアへの反映」を参照してほしい．

> 原則 1-c　品質保証の各業務が顧客視点で組み立てられている．

ソフトウェアの品質保証は，すべての活動が顧客視点からなされなければならない．品質保証としての活動（例えば，レビュー，テスト，インシデント管理，故障対策など）のすべての業務機能は，常に顧客の視点で，顧客に満足してもらうことを念頭に遂行されなければならない．

ソフトウェアレビューの場合，対象機能について，「フィールドで顧客に満足して使ってもらえるかどうか」という観点からのレビューが必要である．実現性・整合性・保守性などのチェックも重要である．しかし，品質保証の観点からは，「対象機能で顧客のやりたいことが（効率的に）実現できているかどうか」を主眼にレビューする必要がある．

品質管理としてのソフトウェアテストは，作られたソフトウェアの実装や機能を対象にテストする．これに対して，品質保証としてのソフトウェアテストは，「そのソフトウェアがリリースされた後，顧客の環境（汎用品の場合なら，さまざまな実行環境）で顧客の要求に応え，顧客が満足して使うことができるかどうか」を主眼にテストを行う必要がある．テストの網羅性の観点からも実装や機能を網羅するだけでなく，顧客の構成や使用方法について網羅することを考慮しなければならない．

顧客視点の品質保証を実現するためには，フィールドでの製品，サービスの使われ方を把握することが前提条件であることは言うまでもないだろう．

以上の関連施策としては，4.2節「フィールド品質保証活動」を参照してほ

しい.

原則 1-d　要求に応えるだけでなく，顧客や市場の期待を超える努力をしている．

　顧客の要求に応えることは非常に重要である．しかし，明示的に示された要求に対して単純に応えるだけでなく，それを超える努力をすることで顧客の使用時にさらなる満足を与えること，つまり「期待充足よりも使用時の満足を重視する」という考え方も今後は重要になる．この場合，明示的な顧客の品質に対する要求に応えることはもちろん，暗黙的な要求も考慮する必要がある．ISO 9000 でも品質マネジメントの主眼は「顧客の要求事項を満たすことおよび顧客の期待を超える努力をすることにある」としている．

　品質保証の対象としては過去もしくは現在の顧客も重要であるが，今後の品質保証を考えた場合，長命化するソフトウェアのライフサイクル全体にわたっての品質保証，つまり「未来の顧客に対しても満足させる」という考え方が重要になる．

　以上の関連施策としては，3.3.2 項「利用時の品質要求の特定」，4.3.3 項「IT サービス化への対応」を参照してほしい．

原則 1-e　開発者側の課題解決だけでなく，顧客の視点で業務機能を改善している．

　ソフトウェア品質管理でいう「現場」とは，「ソフトウェアを開発する場所」である．一方，ソフトウェア品質保証でいう「現場」とは，開発現場ではなく「開発されたソフトウェアが使用されている場所」である．したがって，品質保証にもとづく改善を行うためには，「顧客側の現場でどのような課題があるのか」を認識したうえで，それにもとづいて自組織内の各業務機能を改善する必要がある．

　以上の関連施策としては，5.5 節「継続的かつ組織的品質向上に対する取組み」を参照してほしい．

顧客が決めるバグの定義

　筆者がアジアの某国にソフトウェア開発を発注したときの話である．某国のソフトウェアベンダは，品質保証にも注力しているという触れ込みで，その某国ベンダの担当者は「発注側の要求があれば開発部署とは独立の品質保証部署が検査を行い，そこで合格したソフトウェアを納入して品質向上する」と言っていた．

　さて，この組織では，開発部署が行うテストとは独立した品質保証部署の検査を行うという点では，日立の品質保証部署と同様に効果があったものの，大きな違いもあった．例えば，一般的に外国へ発注したときに「バグの判断基準」はよく問題になるのだが，某国の品質保証部署の対応は残念なものだった．こちらが「これはバグではないのか？」と指摘すれば，「この国では，そういうものはバグとはいわない」と当該ベンダの開発部署と同じ返答をするのである．この品質保証部署には，「検査しているソフトウェアの顧客がどこの国の誰であるか」に対する興味もなく，当然「ソフトウェアの顧客がどのようなことを不良として認識するか」もわかっていなかった．つまり，顧客視点という品質保証の一番の基本ができていなかったのである．

　ここで言いたいことは「日本の品質保証が他国に比べて優れている」ということではない．そうではなく，昨今，国内で開発したソフトウェアが国外で使われる機会も増えている状況を考えたとき，「ソフトウェアをつくる側の常識や過去の国内向けソフトウェアを開発した経験だけに依って品質保証をしている事例も多いのではないのか」という筆者の懸念である．顧客視点を失えば，上記のような某国の品質保証部署のようになってしまうことは十分に考えられる．国外の顧客の場合はより一層，顧客が求めている品質を把握することを意識しつつ，品質保証活動を行う必要がある．

2.2.2 組織的な品質保証活動

大きなソフトウェア開発組織では多数の開発者を抱え，複数の開発チームが継続的にソフトウェアを開発しているであろう．このなかには，特定の開発チームや個人レベルでもっている品質保証に関する良い取組みもあるはずである．これらのベストプラクティスをいかに全体の活動として，組織横断的かつ永続的に展開していくかが，ソフトウェア開発組織としての品質保証の大きな鍵となる．

原則2-a　自組織に品質文化があり，全員に対して品質意識を醸成している．

ソフトウェア品質保証に対する各種の取組みの骨格となるのが，組織の品質文化であり，それを構成する人間全員の品質意識である．品質文化をもつ組織とは，「組織がその行動規範として"品質をどのように重視しているか"を明確に規定し，それに従って各種の取組みを行う組織」である．また，品質意識をもった人間とは，「各種作業を行うときに常に品質に対する意識をもって作業するような人間」である．

組織に永続的にソフトウェアの品質保証を構築するためには，組織の品質文化を確立して，構成各員の品質意識を向上させる必要がある．

以上の関連施策として5.3節「組織的品質マネジメントの基礎」，5.4.3項「事故事例の組織への反映（日立の落穂拾い）」を参照してほしい．

原則2-b　品質保証活動がソフトウェア開発組織全体の活動となっている．

ソフトウェアの品質保証活動は，組織全体の品質マネジメントシステムの業務機能である．つまり，個人または一つのプロジェクトの活動ではなく，組織全体の活動である必要がある．現在のソフトウェア開発の多くは複数の部署や他組織が関連して成立している．組織の経営層，ソフトウェアの開発部署，品

質保証部署，サポート対応部署，その他の支援部署などが，それぞれの立場で品質保証の活動をすることも重要である一方で，これらの各部署が連携して組織全体の活動として品質保証に取り組む必要もある．

組織的なソフトウェア品質保証については，以下の2つの意味で必要といえる．

① 組織全体の品質保証活動を通じて，組織内の各製品・各サービスの品質をトータルに向上させることがシステム的に可能になる．それにより，顧客の満足度向上とともに他社優位を築くことができる．

② リスク管理の観点から組織的なソフトウェアの品質保証は重要になっている．例えば，一つの製品が発生させたセキュリティの問題によって，他の製品・サービスや組織全体の社会からの信頼を失う危険性がある．

以上の関連施策としては，5.4.2項「組織全体の品質向上運動」を参照してほしい．

原則2-c 顧客やソフトウェア開発の発注先なども含めた品質保証活動になっている．

ソフトウェアの品質保証は，自分のソフトウェア開発組織だけで閉じることはない．顧客側の各組織，ソフトウェア製品やサービスの提供側の各組織が連携しなければ品質保証は成功しない．

ここでの「顧客」とは，具体的な個人を指すわけではない．顧客には，当該のソフトウェアの要求仕様を決めた人だけでなく，その裏側にいるソフトウェアを運用する人，ソフトウェアを使用する人もいる．さらに，ソフトウェアの使用者はソフトウェアを提供する組織内の人間の場合もあるし，その組織が提供するサービスを使う他社の人間かもしれない．そういった人々をすべて「顧客」と見なして，必要に応じて，関連するさまざまな組織や個人と連携する必要がある．

さらに，ソフトウェア製品・サービスの提供側にも，さまざまな組織が絡んでいる場合が多い．組み込みソフトウェアの場合は，ハードウェアやシステム

開発部署との連携が不可欠であるし，ソフトウェア開発を発注している場合は，発注先のソフトウェアベンダとの連携なしではソフトウェアの品質保証は成功しない．

また，ソフトウェア品質保証が成功することで顧客が提供を受けたソフトウェアを使って業績を伸ばす．さらに，提供する側もソフトウェアや，組み込まれた製品の業績が伸びる．その結果，利害関係者の間で Win-Win の関係を築くことが重要である．

ソフトウェアの品質保証活動は，これらの相互に関連する組織や業務機能を首尾一貫したシステムを構成する業務プロセスとして捉える必要がある．このようなモデリングによって，組織全体の品質保証システムおよびそのパフォーマンスを最適化することが可能となる．

以上の関連施策としては，3.3.2 項「利用時の品質要求の特定」，4.4.3 項「サポートサービスの組織的な位置づけ」，5.4.1 項「事故事例の共有による品質意識の醸成」を参照してほしい．

|原則 2-d| **事故や課題を組織全体で共有し，組織的な改善を計画できる仕掛けがある．**

フィールドでの事故が起きてしまうと，当該の製品やソフトウェアに対する不満足だけでは済まない．マスコミで報道されるレベルの事故になった場合，間違いなく開発した組織に対する責任が問われることになる．

こうしたことを念頭に，フィールドで発生した事故や課題については適時に組織内で情報共有する必要がある．特に重要な事故については，即時に経営層および関連者に周知する．また，週・月・半年といった単位で主要な事故やフィールドでの稼働状況などについて組織内で情報共有する必要がある．

これらの情報は，単に組織内で周知するだけでは不十分である．主要事故の場合には，その事故の技術的原因および動機的原因（人間が誤るに至った原因）を突き詰めたうえで，組織全体で同種の事故を防止するための仕掛けを構築する必要がある．

以上の関連施策としては，5.4.1項「事故事例の共有による品質意識の醸成」，5.4.3項「事故事例の組織への反映（日立の落穂拾い）」を参照してほしい．

> **原則 2-e** 組織内外のベストプラクティスをウォッチし，適時に組織全体の仕掛けに取り込める．

フィールドでの事故だけでなく，組織内外の品質保証に関するベストプラクティスも適時収集し，組織全体のプラクティスに取り込む必要がある．

自組織の起こした事故などの問題を起点にしたフィードバックは重要であるものの，自組織の問題を起点にした活動だけでは組織的な活力を削ぎ，また，市場での劣位を招いてしまう危険性がある．それを避けるためには，組織の一部や特定のソフトウェア開発プロジェクトでのベストプラクティス，あるいは優秀な個人の取組みや知識などを，「組織全体の価値」として展開する必要がある．さらに，社内だけではなく，社外のイベントや同業他社との交流会などを通じ，「自組織が市場のなかでどのような位置づけなのか」を正確に把握したうえで，改善すべき部分を改善していく姿勢が重要である．

以上の関連施策としては，3.4.5項「アジャイル開発における品質の計画および作り込み」，3.4.6項「アジャイル開発を採用する際の課題」の「(4)組織的なアジャイル開発のノウハウの集積」，5.5.2項「組織的品質向上の現状の課題と対策」を参照してほしい．

> **原則 2-f** 組織各層のリーダーがリーダーシップを発揮して品質保証活動をしている．

組織レベルでの品質保証活動が成功するためには，トップマネジメントがリーダーシップを発揮し，組織全体の品質目標を定めたうえで，組織全体で目標達成に積極的に貢献する状況を作り出す必要がある．また，品質に関する成果や現状の課題について理解したうえで，組織として高品質な成果を保証する必要もある．

このような活動について，品質保証部門ではもちろん，開発部門や関連する

部署のリーダーが組織全体の目標に沿った各部門の品質関連の活動を率先して企画・主導する必要がある．

以上の関連施策としては，**5.2 節**「組織的品質マネジメントの概要」を参照してほしい．

2.2.3　定量的な先手品質マネジメント

ソフトウェアの品質保証は，まず，最初に定量的な目標を立て，それに従って常に先手マネジメントが必要である．例えば，事故対策だけでなく事故予防も重要であるし，ソフトウェアの開発過程で不良を作り込まないほうがリリース直前に不良を見つけるよりも重要である．

結果として出た問題を解決することも重要だが，問題を起こさないように定量的な目標を計画し，管理し，問題を未然に防止することが重要である．

|原則 3-a|　業務を実行する前に必ず，品質関連の目標・計画を定めている．

品質保証に限らず，何らかのプロジェクトや業務を行う際には何らかの目標や計画を立てる必要がある．ソフトウェアを組織的に開発する場合，開発目標となるソフトウェアの機能を計画せずに開発することはないだろうが，ソフトウェアの品質に関してはどうだろうか．当然，品質に関しても目標を立て，「初期段階でどのように品質を作り込むか」の計画を立てる必要がある．同様に，ソフトウェアの開発だけではなく，サポートやサービス提供においても適時に品質目標・計画を立てて，それに沿いながら，計画的に品質を作り込み，確認する作業を行う必要がある．

品質に関する目標や計画は，一つひとつの製品・サービスやプロジェクトに対してだけでなく，組織全体にも必要である．

以上の関連施策としては，**4.3.3 項**「IT サービス化への対応」の「(1) IT サービスにおけるサービス品質保証」，**4.4.2 項**「サポート品質のマネジメント」を参照してほしい．

> 原則3-b　ソフトウェア開発における早期の品質確保や確認の仕掛けがある．

　ソフトウェア開発において最終段階で致命的な品質の不備を検知することも少なくない．この問題を解決するためには，ソフトウェア開発の早期段階で品質の確保や確認をプロセスのなかに組み込む必要がある．

　ウォーターフォール型開発の場合，上流工程での品質計画，品質設計，仕様レベルの確認といった品質の作り込みが重要である．アジャイル開発を採用した場合でも早期の反復（イテレーション）において品質の確認が重要なことには全く変わりがない．問題は，ウォーターフォール型開発でも，アジャイル開発でも，早期の品質計画や品質確認をせずともソフトウェア開発が進行していってしまうことで，そのために最終段階で致命的な問題が発覚することも少なくない．いずれにせよ，開発の初期段階のプロジェクト計画時において，早期に品質の確保および確認ができるような施策を決める必要がある．

　以上の関連施策として，3.4.3項「ウォーターフォール型開発における品質の計画および作り込み」，3.4.5項「アジャイル開発における品質の計画および作り込み」を参照してほしい．

> 原則3-c　顧客に迷惑をかける前の予防保守および保守計画の仕掛けがある．

　フィールドでの事故に適切に対応することも重要であるが，事故を引き起こした不良自体を予防することも重要である．高品質のソフトウェアをリリースすることは大切であるものの，リリース時に同じ品質レベルのソフトウェアであっても，その後の保守や運用のやり方によってフィールドにおける多くの事故を予防できる．例えば，事故にはならなかったインシデント情報を用いて将来的な重大事故のポテンシャルを消す，ある顧客で起きた事故を他の顧客に起こさせない施策を行うといったことである．

　また，これらの施策を定量的に管理することも重要である．「事故を起こした不良にどれだけ速く対策するか」「同じ不良による複数の事故や故障がどれ

だけ発生しているのか」「同じ製品が多くの顧客にリリースされている場合，どれだけ速くすべての顧客で対策されるのか」について，組織全体で定量的に実態を把握し，目標を決めて計画的に管理する必要がある．

以上の関連施策として，4.2.9項「予防保守」，4.3.5項「新しい形のソフトウェアサポート」の「(2)インターネットベースの稼働管理，予防保守，品質向上」を参照してほしい．

原則3-d　未解決の不良，懸案事項，事故報告，クレームなどは常に最小限にしている．

ソフトウェア開発では特に，開発中に不良や懸案事項などの仕掛かりが頻発する傾向にある．リリース後も事故やさまざまな問合せやクレームなどが出てくるだろう．これらの仕掛かり事項は，すべて識別され，管理されなければならない．

ソフトウェアの開発中に常に未解決の不良や懸案事項が多く積み残されたままになっていたり，リリース後でも問合せなどに対するレスポンスが遅れたりする場合がある．これらの仕掛かりについては，できるだけ組織内部に溜めずに短期間で解決することが必要である．

以上の関連施策として，3.4.2項「品質保証観点でのウォーターフォール型開発」の「(2)品質観点でのウォーターフォール型開発の本質」，3.4.4項「品質保証観点でのアジャイル開発」の「(2)アジャイル開発での品質確保(a)：高品質成果物の積み重ね」，4.4.2項「サポート品質のマネジメント」，4.2.2項「フィールド品質保証全体での考慮事項」の「(6)顧客が適時に事故原因解析の最新状況を知ることができるようにする」を参照してほしい．

原則3-e　事実にもとづくデータにより定量的に管理している．

ソフトウェア品質保証は，スローガンや標語のように抽象的な掛け声だけでは達成できない．また，組織内で得られたデータだけでは十分とはいえない．品質保証の立場では，フィールドや顧客に関係するデータをできるだけ定量的

に採取・蓄積して，それらのデータを分析・評価し，その結果にもとづいて組織の全体または一部における品質向上活動を組み立てることが重要である．もちろん，評価もフィードバックもない単なるデータを採取・蓄積する必要はない．

以上の関連施策として，4.4.2項「サポート品質のマネジメント」，5.4.4項「組織的知識の蓄積と知的財産権の適切な制御」の「(1)組織的な品質データ収集・活用」を参照してほしい．

2.3 ▶ ソフトウェア品質の基礎概念および用語

本節では，前節で記述したソフトウェア品質保証の原則や，次章以降で説明する品質施策をよりよく理解するために必要なソフトウェア品質関連の概念を簡単に解説する．ソフトウェア工学やSQuBOKをよくご存じの方なら本節を飛ばして次章以降に進んでも構わないが，用語や概念に不明点や確認すべき事項があると感じているなら，この節の用語のうち，必要なものだけでも確認してもらいたい．

2.3.1 品質マネジメントと品質保証，品質管理

品質マネジメント，品質保証，品質管理の関係を図式化すれば，図2.1のようになる．つまり，「品質保証と品質管理は別々の概念であるものの，それら

図2.1 品質マネジメント，品質保証，品質管理の関係

すべては品質マネジメントの一部である」ということである.

品質マネジメントシステムとは，組織的に品質方針，品質目標を定め，その目標を達成するためのシステムである．このシステムのなかに，品質計画，品質保証，品質管理，品質改善などの業務機能が含まれる．

ここで，品質保証(Quality Assurance)とは「品質を保証する対象が"(顧客から)求められている品質を満足する"という確信を顧客自身に与えること」に焦点を合わせた業務機能である．すなわち，「顧客に対して品質を保証する」という品質マネジメントシステムの本来の目的に最も近い活動だといえる．

また，品質管理(Quality Control)は，品質保証と似ているものの，別の業務機能である．これは「求められている品質を満足すること」に焦点を合わせた業務機能であり，「開発組織や生産組織内で品質を作り込むためのさまざまな管理」を意味している．

つまり，「品質管理がうまくできていること」を前提としたうえで，「品質管理の結果としての製品・サービス」について，本当に顧客の要求に応えているのかどうかを確認し，その品質を保証するための業務機能として品質保証があるといえる．

2.3.2　ISO 9001の品質7原則

ISO 9001は残念ながら「開発方法に何らかのルールを持ち込み，それに適合していることを示す規格だ」と思われがちである．ISO 9001にルールへの適合性を重視する一面があるのも事実であるが，21世紀に入り，別の側面，すなわち「ISO 9001にもとづく組織の活動の有効性」がより重視されるようになってきた．

ISO 9001では，「ISO 9001に適合している組織が本当にその組織にとって有効に機能しているか」を見るために，以下の品質マネジメント7原則[1]を示している[1]．

---

1) ISO 9001：2008では8原則だったが，ISO 9001：2015から7原則に変更されているので注意が必要である．

- 顧客重視
- リーダーシップ
- 人々の積極的参加
- プロセスアプローチ
- 改善
- 客観的事実にもとづく意思決定
- 関係性管理

2.2節で示したソフトウェア品質保証の原則は，ソフトウェアの品質保証の観点からISO 9001の7原則を再編成したものである．

2.3.3 不良，故障，事故，インシデント

ソフトウェアの信頼性を考える場合，「ソフトウェアのなかの論理的な欠陥（通称，バグ）」と，「バグが原因で，ソフトウェアが本来の期待どおりに動作しなくなること」の両者を明確に分けて考える必要がある．しかし大変残念なことに，これらの概念に当てはめる用語が，各種の規格や業界ごとにそれぞれ異なっている現状[2]がある．

本書では，「ソフトウェアのなかの論理的な欠陥」をすべて「不良」と記述する．したがって，バグやソフトウェア工学の用語[4]であるsoftware faultについても，本書では不良と記述する．そして，不良によって，ソフトウェアが期待どおりの動作しなくなることを本書は「故障」と記述する．したがって，ソフトウェア工学の用語software failureは故障となる．さらに，「ソフトウェアの不良によって引き起こされたかどうかは不明であるものの，ソフトウェア（を含む情報システム）が期待どおり動作しなくなること」を本書では「インシデント」とし，「インシデントのうちで顧客の使用している場所で発生し，顧客や社会に迷惑をかけたもの」について，本書では「事故」とする．

なお，本書では「障害」という用語は用いない．情報システムの現場では「障害」が故障と同様な意味で使われているのに対し，各種の規格ではそれを引き起こす不良と同様な意味で定義されている．このため，「この用語を使う

2.3 ● ソフトウェア品質の基礎概念および用語

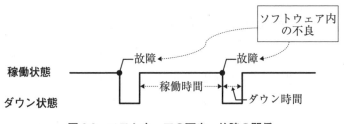

図2.2　ソフトウェアの不良，故障の関係

ことで読者が混乱する危険性が高い」と考え，使用しないことにした．

　本書における「不良」および「故障」の関係を図2.2に示す．

　故障とは，正確には「不稼働状態ではなく正常な稼働状態からそうでない状態に遷移するときのきっかけとなる事象」である．一つの不良がもう一つの故障を引き起こす場合もあるし，複数の故障を引き起こすこともあり得ることに注意してもらいたい．

　顧客から見ると「不良の数」や「ソフトウェアの規模に対する不良の密度」というものは意味がない．すでに，多くの顧客がいるソフトウェア製品やサービスの場合，「ある期間での品質」とは，「その期間で摘出された不良」に比例するのではなく，「フィールドで顧客に迷惑をかけた事故の数」に比例するものである．例えば，大規模ソフトウェアにおいて，論理的な瑕疵としての不良は一つのみだったとしても，その不良が，ある顧客で事故を頻発させていたり，多くの顧客で同じ不良による事故を多発していたりするような場合，品質保証の観点ではそのソフトウェアは低品質ということになる．

　ソフトウェアを開発する現場から見れば，不良の数を減らせば故障が全体的に減る．そのため，品質管理という観点では不良の管理が必要なことも事実である．しかし，ソフトウェア品質保証の観点で見ると不良の管理だけでは不十分で，「それがどのようにフィールドで発生しているか」，つまり故障および事故の管理が必要不可欠となる．

2.3.4 検証(Verification)と妥当性確認(Validation)[2]

　本書では検証(Verification)を,「ソフトウェア開発の成果物が, 前段階での開発成果物や設計方針などに矛盾していないことを検証するプロセス」と定義する. 簡単にいうと「正しくソフトウェアを作っているかを確認すること」である. これが設計工程だったら「前工程の仕様がその工程の出力に正しく変換されているかを確認すること」が検証になるし, テスト工程なら「対応する設計工程の仕様に対応したテストができていること」になる. 理想論だが, 各設計およびコーディング工程において完全な検証を積み重ねることができれば, 完璧なソフトウェアが完成する.

　一方, 妥当性確認(Validation)は,「"ソフトウェアが実際に運用されるときに顧客に満足して使ってもらえるか否か"を最終的に確認するプロセス」と定義する. 簡単にいうと,「結果として正しいものができたかどうかを確かめること」である. 一般に妥当性確認はソフトウェア開発の最終段階での成果物に対して実施する. しかし, たとえ中間成果物であっても, もともとの顧客の運用要求の満足度を確認する場合には妥当性確認とする.

　ソフトウェア品質保証の観点で考えると, 最終的なソフトウェア品質は妥当性確認を基準に確認する必要がある.「ルールどおりに設計をしています」「テストのカバレッジ基準は守りました」という作業の正確さだけでは, 顧客の満足が得られない危険性が高い. また, 開発当初の顧客の満足と, 実際に使い始める時点での顧客の満足が異なる場合もある.

　しかし, 筆者の経験則ではあるが, 途中の検証を抜きで妥当性確認だけ行っても, すべての要求を確認することは不可能なので失敗する. さらに, 最終段階の妥当性確認で問題が発生してしまうと, コスト面でも納期面でも, 途中の段階で発生した場合よりもずっと大きな規模の問題となる. したがって, ソフトウェア品質保証の観点でも, 検証および妥当性確認をともに活用していくこ

---

2) VerificationとValidationは規格によって定義が微妙に異なる. 本書の定義はISO/IEC 12207[3]の定義を参考にした.

とが重要である．

なお，ソフトウェアの品質保証部署があるような組織での検査は厳密な意味での妥当性確認ではない．しかし，「顧客の立場に立ってテストをする」という意味で，妥当性確認と称している組織も多い．その場合でも，妥当性確認のみで，ソフトウェアの品質保証を行おうという組織はなく，検証と妥当性確認を組み合わせて品質保証を行っている．

2.3.5 プロダクト品質とプロセス品質

ソフトウェア品質保証の最終的な目標は「開発しできあがったソフトウェアの品質を満足のいくものにすること」である．最終成果物の品質（プロダクト品質）を高いものにするためには，開発の最終盤で単にチェックするだけでなく，開発の中間段階で，ソフトウェアを開発する方法の質（プロセス品質）も上げる必要がある．

プロセス品質を確保することで最終的なプロダクト品質も高くなることが経験的に知られている．しかし，例えば，ある作業の精度を高めようというような場合，「その精度を上げることで本当にプロダクト品質も上がるのかどうか」は自明ではない．「あるソフトウェア開発プロジェクトで有効だった作業が，他のソフトウェア開発では，時間の無駄だった」というのはよく聞く話である．

したがって，ソフトウェア品質保証の立場では，プロダクト品質が最終的なゴールとなるため，これを実現するために必要な作業を入念に検討し，そのプロセス品質を上げるアプローチが必要である．

2.3.6 狩野の品質モデル[7]

品質保証するソフトウェアの品質が明示的に定義されているというケースは希少である．非機能要求として明示的に定義されている品質関連の要求は，実際に品質保証しなければならない要求全体のごく一部である．大きな課題となるのは，「それ以外の暗黙的な要求をいかに網羅的かつ効率的に求めるのか」である．この問題を考えるときに重要となるのが狩野モデルである．狩野モデ

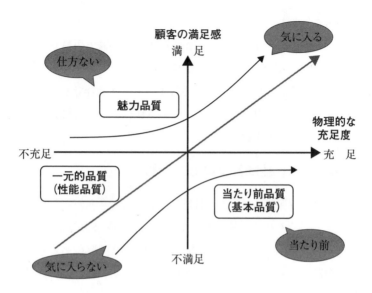

出典） 狩野紀昭，瀬楽信彦，高橋文夫，辻新一：「魅力的品質と当り前品質」『品質』14巻2号，日本品質管理学会，1984年

図2.3　狩野モデル

ルの概要を図2.3に示す．

横軸は，物理的充足状況，すなわち提供されたものから見た品質要求に対する充足度を示している．また，縦軸は，結果として顧客が満足したかどうかを示す軸である．このモデルでは，「顧客がどのように感じるか」という観点で，品質を「一元的品質」「魅力品質」「当たり前品質」の3つに分類している．

(1)　一元的品質（または性能品質）

物理的充足がそのまま顧客の満足につながるような品質要素である．一元的品質の機能的充足度が満たされなければ顧客は不満を感じ，満たされれば顧客は満足する．例えば，「膨大なトランザクションを抱えているような情報システムに対して，単位時間当たりに処理可能なスループットが増加するような機能を入れたとき，それに比例して顧客の満足が増えた」といったような場合である．一元的品質は通常，機能要求などの形で明文化されていることが多い．

2.3 ● ソフトウェア品質の基礎概念および用語

(2) 魅力品質

物理的にはあまり充足されていなくても顧客に一定の満足を与え，さらに充足が進むと顧客の満足度が加速的に増加させるような品質要素である．魅力品質は，他社および他製品との差別化につながる．例えば，それまでの同種ソフトウェアが面倒な構築作業を当たり前としていた場合，顧客がワンタッチで構築作業が終わるような機能を実装すれば魅力品質になる．

魅力品質も明文化されている場合が多い．しかし，開発時点では「機能の充足が本当に顧客の満足につながるか」が明確でない場合も多い．開発側は魅力品質だと思って実装した機能が顧客にとっては何も意味がない（無関心品質）場合もあるし，ある機能を加えたことで逆に不満足になる（逆品質）場合もある．

(3) 当たり前品質（基本品質）

物理的に充足されていても，大した満足度を顧客に与えない一方で，物理的な充足に欠けると大きな不満足感を与えるような品質要素である．機能は十分であるが信頼性に欠けるような場合や，同業各社はそろって提供している機能がないというような場合が相当する．当たり前品質に該当する機能要求の漏れは，同種製品の提供している機能が既知であればドキュメントレベルでチェック可能な場合が多い．一方，信頼性をはじめとする当たり前の非機能要求が欠けるような場合，ドキュメントに明示されていない場合が多い．

(4) ソフトウェア品質保証からみた狩野モデル

ある機能が一義的に当たり前品質であったり，魅力的品質であったりするわけではない．そのソフトウェアを使っている顧客の地域や環境によって大きく変わってくる．例えば，日本国内で好評な操作方法が，米国や中国で同様に良い操作性との評価を受けるとは限らない．旧製品から継続して使っている顧客と，まったく新しく使い始めた顧客では，当たり前品質の感覚が大きく異なる可能性がある．

非機能の当たり前品質については，ドキュメント化されない場合が多いが，

システム停止，データ毀損，計算結果不正といった究極の顧客不満足はすべてのソフトウェアおよびサービスで起こってはならないことである．たとえドキュメント化されていなくても，保証しなければならない品質であることは，品質保証の観点からも特に気を付けるべきである．

2.3.7 ソフトウェアの品質モデル，品質特性

ソフトウェアの品質モデルや品質特性を定義した規格として，よく知られている ISO/IEC 9126[5]（以降，ISO 9126）の後継として ISO/IEC 25000[6] の SQuaRE（以降，SQuaRE）が登場している．本項では，SQuaRE での品質モデル，品質特性の概要を ISO 9126 からの変更部分を中心に解説する[3]．

SQuaRE が定義しているソフトウェア製品品質のライフサイクルモデルを図 2.4 に示す．

利用時の品質の位置づけは ISO 9126 と変更がないが，従来，外部品質特性，内部品質特性とよばれていたものが，製品品質特性へと統一された．ここで，SQuaRE での外部品質は製品品質特性のうち製品の外部から測定可能な品質であり，内部品質は実装レベルで測定可能な品質となる．

図 2.5 は，利用時の品質を木構造で示している．上位の網掛けのボックスが利用時の品質特性で，下位の白いボックスが品質副特性である．ここでいう利用時の品質特性は，ソフトウェアを実際に使用する利用者が感じる「役に立つか」「満足するか」といった品質特性である．SQuaRE では，ISO 9126 と比べて，セキュリティの概念が拡張され，また，「使われる機会が多い」という利用状況網羅性が追加された．

SQuaRE では，システム／ソフトウェアの製品品質モデルを図 2.6 のように定義している．利用時の品質特性と同様に，網掛けのボックスをシステム／ソフトウェアの製品品質特性とよび，下位の白いボックスを品質副特性とよぶ．SQuaRE では品質特性レベルで，ISO 9126 の「機能性」「移植性」が再編成さ

---

3) 各品質特性の詳細説明は IPA の解説[9]を参照のこと．

2.3 ● ソフトウェア品質の基礎概念および用語

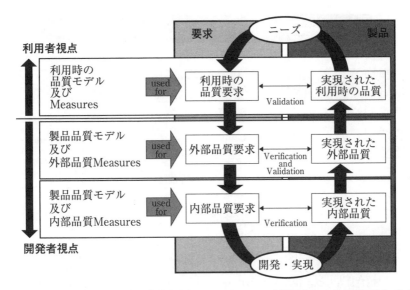

出典) 情報処理推進機構(IPA)技術本部 ソフトウェア高信頼化センター(SEC)『つながる世界のソフトウェア品質ガイド』, p.28, 図 2.3-1(JIS X 25000：2010(ISO/IEC 25000：2005)にもとづき IPA が作成)(https://www.ipa.go.jp/sec/publish/20150529.html)

図 2.4　SQuaRE でのソフトウェア製品品質ライフサイクルモデル

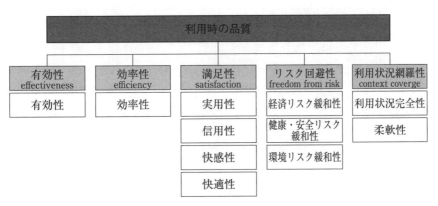

出典) 情報処理推進機構(IPA)技術本部 ソフトウェア高信頼化センター(SEC)『つながる世界のソフトウェア品質ガイド』, p.30, 図 2.3-4(JIS X 25010：2013(ISO/IEC 25010：2011)にもとづき IPA が作成)(https：//www.ipa.go.jp/sec/publish/20150529.html)

図 2.5　SQuaRE の利用時の品質モデル

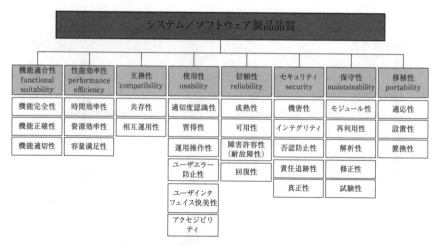

出典） 情報処理推進機構(IPA)技術本部 ソフトウェア高信頼化センター(SEC)『つながる世界のソフトウェア品質ガイド』, p.30, 図 2.3-3(JIS X 25010：2013(ISO/IEC 25010：2011)にもとづき IPA が作成)(https://www.ipa.go.jp/sec/publish/20150529.html)

図 2.6　SQuaRE のシステム／ソフトウェア製品品質モデル

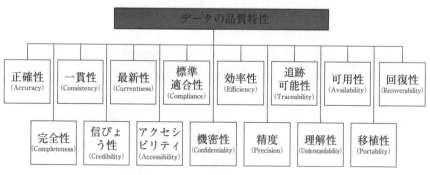

図 2.7　SQuaRE のデータ品質特性

れて「機能適合性」「互換性」「セキュリティ」「移植性」となった.
　情報システムの品質を考える場合，そのなかのソフトウェア／情報システムの品質とともに，情報システムの運用で使われるデータの品質も重要視されるようになってきた．このため，SQuaRE では，データの品質特性が導入され，

図 2.7 のようにまとめられている．

第 2 章の参考文献
［1］　日本規格協会（編）：『JIS ハンドブック 2017　標準化』，日本規格協会，2017 年
［2］　情報処理推進機構 技術本部ソフトウェア・エンジニアリング・センター（編）：「組込みソフトウェア開発における品質向上の勧め［バグ管理手法編］』，第二章（https://www.ipa.go.jp/files/000027629.pdf）（アクセス日：2018/8/29）
［3］　International Organization for Standardization："*ISO/IEC/IEEE 12207:2017, Systems and software engineering – Software life cycle processes*", 2017
［4］　IEEE："*610.12-1990-IEEE Standard Glossary of Software Engineering Terminology*", 1990．
［5］　International Organization for Standardization："*ISO/IEC 9126-1:2001, Software engineering – Product quality – Part 1: Quality model*", 2011
［6］　International Organization for Standardization："*ISO/IEC 25000:2005, Software Engineering – Software product Quality Requirements and Evaluation (SQuaRE) – Guide to SQuaRE*", 2005
［7］　狩野 紀昭，瀬楽 信彦，高橋 文夫，辻 新一：「魅力的品質と当り前品質」『品質』14 巻 2 号，日本品質管理学会，1984 年
［8］　SQuBOK 策定部会（編）：『ソフトウェア品質知識体系ガイド –SQuBOK Guide–（第 2 版）』，オーム社，2014 年
［9］　情報処理推進機構(IPA)技術本部 ソフトウェア高信頼化センター(SEC)『つながる世界のソフトウェア品質ガイド』，情報処理推進機構，2015 年（https://www.ipa.go.jp/sec/publish/20150529.html）（アクセス日：2018/8/29）

第3章
ソフトウェア開発の品質保証

3.1 ▶ 本章の概要

　ソフトウェア開発組織の品質保証は，ソフトウェアのライフサイクル全体を考慮する必要があるが，その基本はソフトウェア開発時の品質保証である．前章で説明したようにソフトウェア品質保証の原則は「顧客視点で組織的に定量的な品質施策を先手，先手で実行すること」である．本章は，「これらの原則を実際のソフトウェア開発でいかに実行することができるのか」を示す．

　現在，ソフトウェア開発における品質保証で最も大きな課題になっているのは，アジャイル開発を初めとした多様なソフトウェア開発方法への対応ではないだろうか．従来のソフトウェア品質保証の説明は，暗黙的にウォーターフォール型開発を仮定しているものが多かった．しかし，本章は特定のソフトウェア開発プロセスモデルを前提としない．まず，ソフトウェア開発における品質保証の全体の流れを説明してから，そのなかで「どのようなソフトウェア開発方法を採用しても必要で開発プロセスと独立な部分」と「開発プロセスに依存する部分」を明確に分ける．「開発プロセスに依存する部分」については，「ウォーターフォール型開発」「アジャイル開発」を代表とした開発プロセスに対する異なる品質保証方法の要点について，それぞれを対比しながら解説する．

　特定のプロセスモデルに従ってソフトウェアを開発している読者は，自分の採用しているプロセスモデル以外に対する品質保証方式についても，ぜひ併せて読んでほしい．これまで実行したことのないプロセスモデルでの品質保証方法を理解することで普段実行している品質保証方式の本質を知ることができる

からだ．さらに，筆者は読者が多様なプロセスモデルを併用した今後のソフトウェア開発への知見を深めることを期待している．

3.2 ▶ ソフトウェア開発における品質保証の流れ

SQuaREでのソフトウェア製品品質ライフサイクルモデル（図2.4）に対応したソフトウェア開発における品質保証活動の概要を図3.1に示す．

図中の網掛け部分は品質保証の活動を示している．実際にソフトウェア開発に取り掛かる前に開発しようとしているソフトウェアがどのような品質を備えていなければならないのかをあらかじめ定義する（品質の把握・定義フェーズ）．そして，定義された品質特性を達成するため，ソフトウェア開発プロセスのなかに具体的な品質施策，完了基準，スケジュールとして計画する（品質の計画フェーズ）．また，計画されたスケジュールに従い，開発プロセスのなかで品質施策を実行し，確認する（品質の作り込みフェーズ）．最後に今一度，顧客の満足という原点に立ち戻って，すべての品質に関する要求が満たされているか

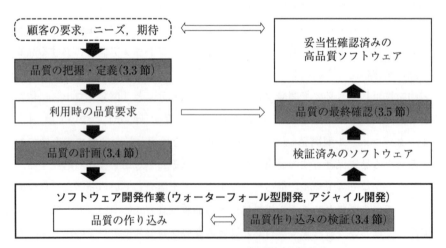

図3.1 ソフトウェア開発における品質保証活動のまとめ

を確認する(品質の最終確認フェーズ).

これらのフェーズのうち,最初の「品質の把握・定義フェーズ(3.3節)」と最後の「品質の最終確認フェーズ(3.5節)」は「どのような開発プロセスを採用しても大きくは変わらない品質保証施策」である.その一方で,中間の「品質の計画フェーズ」と,「品質の作り込みフェーズ」は開発プロセスによって品質保証施策が大きく異なる.そのため,ウォーターフォール型開発と,アジャイル開発のそれぞれで,これらのフェーズについてどのような施策を実施するかを3.4節にまとめて解説する.

各フェーズの概略に詳しい読者には,開発プロセスに依存する品質保証方式部分を中心に読んでもらえるかもしれない.しかし,開発プロセスに独立な品質保証方式も多くのソフトウェア開発組織では十分に実践されていない場合も多いため,ぜひ全体を通して目を通してもらいたい.

3.3 ▶ 品質の把握・定義フェーズ

3.3.1 概要と現状の課題

品質の把握・定義フェーズの目標は,開発するソフトウェアがどうあれば,顧客の満足(すなわち品質向上)を得られるかを定義することである.これをソフトウェア開発の観点で見ると,開発しようとしているソフトウェアがどのような品質を備えていなければならないのかということにほぼ等しい.これが定義できることで,その後のソフトウェア開発の施策も決まり,開発途中でもその善し悪しの定義が可能になり,また,完成したソフトウェア品質を最終的に確認するための基準にもなる.本フェーズは,ウォーターフォール型開発,アジャイル開発といったソフトウェアの開発プロセスモデルとは独立なフェーズである.このフェーズの情報を変換する作業の流れを図3.2に示す.

まず,市場や顧客が「現状どのような課題を抱えているか」「今使っているソフトウェアに対して不満はないか」などの情報を収集し,これらの情報から

図 3.2　品質の把握・定義フェーズの作業概略

「顧客がそのソフトウェアを利用するときに求められる品質」，すなわち利用時品質要求を特定する(3.3.2項)．続いて特定された利用時の品質要求からソフトウェアの外部品質要求に展開する(3.3.3項)．

このフェーズにおける現状の課題は以下の二点である．

(1)　暗黙的に要求される品質特性の把握

ソフトウェアに対する品質要求には明示されているものと明示されていないものがある．例えば，「ソフトウェア利用者が抱える現状の課題」は，明示されていない場合も多いが，結果としてそのソフトウェアの品質に大きな影響のある品質要求である．「顧客から明示的に与えられた品質要求」または「開発側で明示的に設定した品質要求」に対しては，特にこのフェーズで明確に定義しなくても，その要求に対応した開発を行い，その要求に従った最終的な確認をすることも可能である．その一方で，明示されていない品質要求に対しては，開発時にも最終確認時にも考慮されないため，顧客の実運用の段階になってから大きな問題に発展する場合も少なくない．

狩野モデルにおける一元的品質やそのソフトウェアの売りとしている魅力品質については，明示的に品質要求が記述されている場合が多い．その一方で，一部の魅力品質や(顧客側から見ての)当たり前品質の多くには明示的な記述はない．ところが，できあがったソフトウェアがそれらの品質特性を備えていない場合，顧客に無視できない不満足を与えたり，大きな市場価値を損失したりする結果になる．例えば，ある作業をするときのGUI操作の順序がどのソフトウェアでも同じようになっている場合，「他と同じようなGUI操作の順序にせよ」というような使用性の要求が記述されることは少ない．ところが，市場

の同種ソフトウェアに目を向けず独自な GUI 操作に設計したソフトウェアを顧客に提供した場合，顧客側から見ると「当たり前の使用性が確保できていない」と思われる場合が少なくない．

(2) 信頼性以外の品質特性の把握

(1)で説明したとおりソフトウェアの品質特性はどれも顧客から明示的に品質要求として指定されることは多くない．しかし，品質特性のうちソフトウェア信頼性に関しては，信頼性設計[1][2]，品質会計[3]1)といった過去の良い事例が多くの書籍に紹介されている．ただ，これまでの書籍は開発側に閉じた目標設定が主になっており，本書では顧客に対する品質保証という観点で，利用時の品質保証にまでさかのぼって，「どのように顧客が満足できるソフトウェアの品質要求を定義するか」を解説する．さらに，信頼性以外のソフトウェア外部品質特性についても同様に，利用時の品質特性から必要となるソフトウェア外部品質特性に落とし込む方法を記述していく．

本節では，以降，顧客の各種情報から利用時の品質特性把握の部分と，特定された利用時の品質要求から外部品質要求への展開のそれぞれについて，考え方と有効な技法，関連するソフトウェアの品質保証業務の活動を紹介する．

3.3.2 利用時の品質要求の特定

(1) 利用時の品質要求の必要性

開発するソフトウェアを利用する顧客には「そのソフトウェアを利用したい理由」があるはずである．例えば，「そのソフトウェアがないと，この業務ができない」「従来のソフトウェアよりも高精度な解析結果を通じて経営効率を向上させたい」「他のソフトウェアとの相互接続によって業務効率を向上させ

---

1) 品質会計とは，設計，コーディングで作り込んだ不良を「負債」とみなし，レビューやテストでの摘出を「返済」とみなして，負債がなくなることを保証する管理手法である．

たい」「実際に操作する使用者の満足度を向上させたい」「トラブル続きの現状ソフトウェアから乗り換えたい」などである．そのため，こういった顧客の利用したい理由に対応した品質特性を特定する必要がある．

　「品質特性」と聞いて，どのようなものを思い浮かべるだろうか．SQuaRE（や ISO 9126）で定義されたソフトウェアの外部品質特性，すなわち「機能適合性」「信頼性」「利用性」などは多くの読者にはおなじみの品質特性であろう．しかし，利用時の品質要求を特定する際に使いたい品質特性は，これらのソフトウェアの外部品質特性ではなく，顧客がそのソフトウェアを利用時の品質モデル（図 2.4）である．このモデルおよび「有効性」「性能効率性」「満足性」といった利用時の品質特性は，SQuaRE（や ISO 9126）に利用時の品質モデルとして記述されている（**2.3.7 項**）．

(2)　品質保証業務での利用時の品質要求の活用方法

　SQuaRE の利用時の品質特性は，利用時の品質特性をすべて網羅したものではない．また，定義されている品質特性のすべてを考慮しなければならないものでもない．品質保証対象のソフトウェアを顧客がどのように利用し，どのような観点でそのソフトウェアを評価するかを把握したうえで，SQuaRE のモデルをテーラリングする必要がある．したがって，SQuaRE の「利用時の品質特性」のすべてを使って対象ソフトウェアの品質を定義するというアプローチはお勧めできない．品質保証したいソフトウェアには実際に使うはずの顧客がおり，品質特性を定義する側には少なくとも「使用することを期待している顧客像」があるはずである．そのため，それらの具体的な顧客像やマーケットの情報をもとに品質保証対象ソフトウェアの利用時品質特性をよく考え，そのなかから必要なものを特定するとよい．

　品質保証の観点で重視しなければならないのは，あくまで「顧客の現場で実際に問題になっていること」や「顧客から自発的に要望されたこと」である．しかし，その要望や課題の多くは報告されない．報告されたとしても各特性よりも具体的な解決策として報告されることが多い．例えば，「ソフトウェアが

想定する運用が，一般の顧客の運用体制で実施が難しい」ような場合でも，顧客から出てくる要望は「あるコマンドを，特権ユーザでないユーザからも投入可能にしてくれ」といった機能の提案となり，本質的な課題を開発側が認識できないような場合も少なくない．このため，いろいろなチャネルから事実を収集し，それらを分析し，「顧客の具体的な業務や操作で，どのような利用時の品質特性が，どのように問題があるのか」を把握することも品質保証として重要な取組みである．

(3) 品質保証観点での顧客情報の入手方法

利用時の品質要求のソースとなる顧客情報などは品質保証業務だけではなく，マーケティングや要求定義などでも有効な情報である．このため，営業部署や製品企画部署が収集・分析した情報を品質保証部署と共有することが重要である．ただし，それだけでは十分ではない．

一般的に，マーケティングなどで明示的に把握される品質特性は，狩野モデルでいうところの一元的品質や魅力品質に相当する要求である．顧客が暗黙的に期待している機能，性能効率性，信頼性などへの要求は，いちいち明示しなくても満たされることが期待されている．そこの部分を補完するため，過去の品質保証活動の結果として把握している顧客の品質に関連する情報も活用する必要がある．さらには，品質という観点から顧客へのインタビューを行ったり，他社の競合ソフトウェアとの品質の観点から比較したりする必要もあるだろう．そして，品質保証業務で獲得したこれらの情報についても，他の関連部署と共有するとよい．

従来の上流対下流という考え方ではなく，顧客と接点をもつ部署という観点でのソフトウェアのライフサイクルでの連携が必要なのである．ここで，利用時の品質要求の特定作業で活用したい情報ソースを表3.1に示す．

(4) 利用時の品質要求例

表3.1の情報ソースを使って，利用時の品質を特定するときには，SQuaRE

表3.1 利用時の品質要求の特定に使用する情報ソース

種類	情報ソース	説明
上流の部署と共有した情報	明示された利用時の品質要求	顧客から明示された利用時の品質要求があれば，これを忘れることなく識別する必要がある．
	機能要求からのリバース	利用時の品質要求がそのままの形で，ソフトウェア開発部署に来ることは多くない．多くの場合，暗示的な利用時の品質要求（という目的）を達成するための手段として機能要求が示される．これらの機能要求から，「この機能を顧客はどのような目的に使うのか」ということにさかのぼって考える．
	顧客へのインタビュー，ヒアリング結果	対象ソフトウェアに対するネガティブな情報は，事故・故障の情報やクレームなどから得られる場合が多い．一方，「こういう点に満足している」というポジティブな情報は実際に顧客にインタビューしないとわからないことが多い． 要求を出してきた部署だけではなく，実際に提供するソフトウェアを使う部署や人にヒアリングすることが好ましい．サーバ系のソフトウェアの場合，サービスを利用する人だけでなく，管理者(administrators)，運用する人(operators)にもヒアリングするとよい．
	マーケティング情報	市場レポートなどで，他社の同種ソフトウェアとの比較や，今後の市場動向予測などの情報を入手し，利用時の品質特性とすることも可能である．
	インターネットの情報	一般顧客が使用するようなソフトウェアの場合，口コミサイト，SNS，匿名掲示板などのインターネットに書き込まれた情報は，顧客の実際に感じていることがストレートに表現されている場合が多い．
過去の品質情報	過去のフィールドでの故障情報	同種ソフトウェアのフィールドで過去に発生した故障を解析し，「どのような故障が顧客先で起きてはならないのか」を特定する．システムの停止時間や，データの保全など，ソフトウェアの種別によって許容の度合いが異なるので注意が必要である．
	顧客からのクレームや要望，質問情報	ソフトウェアの不良による故障でなくても，顧客が不満足に感じる事項の多くは，クレーム，要望，質問という形でソフトウェア開発側に伝わる．同種ソフト

表3.1 つづき

種類	情報ソース	説明
過去の品質情報	顧客からのクレームや要望，質問情報	ウェアに対するこれらの情報を解析することで故障だけではわからない顧客の利用時品質が特定できる場合も多い．
	利用者の操作履歴	Webサービス用のソフトウェアや，サーバで動作するようなソフトウェアの場合，「利用者がどのような操作をしたか」がログのような形でわかる場合も多い．同種ソフトウェアのこれらの情報を活用して，例えば，「顧客があるタスクを実行のどこでつまずいているか」などの情報がわかる．

の利用時の品質特性(2.3.7項)を参考にする．すなわち，SQuaRE利用時の品質特性と対象ソフトウェアの要求を照らし合わせ，「品質保証対象のソフトウェアの性能効率性とは何か」「品質保証対象ソフトウェアの環境リスク緩和性とは何か」と自問し，そのソフトウェア開発で実現すべき利用時の品質特性を発見したり，抜けを見つけたりする．ただ，SQuaREの利用時の品質特性は，すべての利用時の品質特性を網羅したものではないため，すべての利用時の品質要求をSQuaREのそれにマッピングする必要はない．ここで，特定された利用時の品質要求の例を表3.2に示す．

表3.2 利用時の品質要求(例)

#	利用時の品質要求(例)
1	繁忙期1000人以上の同時使用でも，ストレスなく使用できること
2	何事があっても，＊＊データは保全されていること
3	業務中のバックグラウンドでバックアップ処理ができること
4	これまで使ってきた同種製品よりも可用性が高いこと
5	＊＊国での会計制度に対応した組織で使用が可能なこと
6	初期設定作業がなくても使用が開始できること

第3章 ● ソフトウェア開発の品質保証

　表3.2のように特定された利用時の品質要求は，今後のすべてのソフトウェアに対する機能要求，非機能要求，実装の基礎になるものであり，最後にソフトウェアの妥当性確認(Validation)をする際の基礎資料となる．

質的調査，質的分析の重要性

　利用時の品質の把握で「顧客がどのようにソフトウェアを使用しているか」「ソフトウェアのどのような点に不満をもっているか」「潜在的にどのような期待をもっているか」などを知るために社会科学でよく用いられる質的調査およびその分析手法が有効である．

　顧客の実態把握という観点で，情報処理の専門家はどうしても量的調査に傾きがちである．すなわち，何らかの仮説を立て，データを収集し，仮説を検証するというアプローチを採用する場合が多い．もちろん，このような量的調査・分析も重要である．しかし，この方法ではソフトウェアの開発側が自分で想定している思い込みの範囲内で調査してしまい，顧客の感じているソフトウェアに対する満足や不満がくみ取れないという場合も少なくない．また，インタビューなどをしても，膨大なデータから貴重な情報を抽出する方法論をもっていないソフトウェア技術者がほとんどであろう．

　質的調査[13]では，主に，顧客の場所で顧客と対面によるインタビューや実際の顧客のオペレーションなどを長時間かけて観察(参与観察)し，大量かつ非定型的な質的データを得る．この膨大なデータを定性的コーディング[2]といった手法を用いて分析しデータに含まれる重要な情報を抽出することが可能となる[14]．ここで，質的調査によって得られるデータは，特定の状況における特定の事例にもとづくものであることには注意が必要である．しかし，得られたデータは調査者がもともと想定していなかった

---

2) インタビュー等を文字データ化し，その部分部分にコードとよばれる小見出しをつけ，それらの小見出しの関係から分析を進める方法論．詳細は参考文献［13］参照．

本質的な問題が含まれているかもしれない．このような問題の発見を通して，ソフトウェアを使用する顧客が暗黙的に要求している利用時の品質を把握することが可能になる．

　新しい機能に対する質的調査は，製品企画部門などと連携して行うとよいだろう．一方，既存機能の満足度や，信頼性などの当たり前品質に関する顧客の評価や潜在的な不満などは品質保証の立場で主体的に質的調査を行うとよい．開発現場に閉じこもり開発者の代弁者のようになっている品質保証の担当者はぜひ「本当の現場」に足を運んでいただきたい．

3.3.3　外部品質要求への展開

　続いて利用時の品質要求からソフトウェアで確保しなければいけない外部品質特性に展開する．この時点で，考慮すべき点を以下に解説する．

(1)　コンポーネントごとの外部品質特性の特定

　大規模ソフトウェアの場合，一つのソフトウェアであっても，通信層，機能層，データ層といったレイヤ構造になっていたり，GUI，制御，データモデルといった機能構造になっていたりする場合が多い．この場合，ソフトウェア内部の部分(コンポーネント)ごとに必要な外部品質特性が異なる．このため，大規模ソフトウェアではコンポーネントごとに必要な外部品質特性を特定するとよい．

　MVCモデルで構成されているソフトウェアを考えてみよう．全体的に信頼性は重要である．加えて，モデル(M)の部分は，データの保全性や，機能拡張時の保守性などの考慮が必要であろう．ビュー(V)の部分は，使用性の考慮が必要であろうし，制御(C)の部分は，性能効率性を考慮する必要が多いだろう．

　組み込みソフトウェアの場合，ハードウェアと機能分担しているようなコンポーネントは「組み込みシステムとして必要な品質特性」と「そのなかでソフトウェアが分担して実現する品質特性」は分離して特定する必要がある．例え

ば，組み込みシステムとして使用性の確保が必要な場合，そのシステムの品質特性を実現するための組み込みソフトウェアの分担として「割り込み処理が既定の時間内に終了すること」，すなわち，性能効率性を確保するような場合も多い．この場合は，ハードウェアのコンポーネントも，組み込みソフトウェアと同様に必要な品質特性を特定しておくほうがよい．

小規模のソフトウェアの場合，コンポーネントに分ける必要がなく，「そのソフトウェア全体にはどういう品質特性が重要で，特にどの部分が確定していないか」を吟味し，それに従って必要な外部品質特性を特定する．

GUI 部分の信頼性

一般に，「MVC モデルのビュー部分は信頼性より使用性が重視される」と思われている．しかし，実際の大規模情報システムでは，ビュー部分のトラブルにより，すべての機能が使用不能になるような故障も発生する．昨今の大規模情報システムは Web ベースの GUI を採用している場合が多く，複数機能にまたがる Web 画面を Web サーバで生成するような構成を採用している．このような情報システムで，Web サーバの画面生成するような部分について信頼性を損なうような問題が発生した場合，その Web サーバ経由でさまざまなシステムを使用している顧客やエンドユーザの立場では，そのシステムのすべての機能が使用できなくなってしまう．これは，ソフトウェアを開発する立場では機能適合性が失われるわけでもデータが破壊されるわけでもないが，利用者の立場になると情報システムが全面ダウンとなることで大きな影響を受けるという一例である．

---

(2) 品質特性に対する要求の確定度の把握

ソフトウェアの開発時に必要な外部品質特性を作り込む場合，「どの品質特性が重要か」を把握するとともに，「把握した重要品質特性に対する要求がど

の程度確定しているか」を把握する必要がある．機能要求では，要求自体が明文化されていることが多いが，非機能要求の場合，文章化された要求があったとしてもその実現性や具体的な実装方法などが明確でないことが多い．この品質特性に対する要求の確定度を把握することには以下の二つの意味がある．

① 本質的に開発してみないとわからないものの場合，ソフトウェアの開発プロセスのなかに，この品質特性の具体的な作り込みおよび確認の評価をするプロセス（例えば，プロトタイピング）を組み込まなければならないことがわかる．

② 外部品質要求への展開フェーズで，確定しているはずの品質特性が確定していない（品質要求が定義されていない）ことを明らかにすることで，外部品質特性を明確に定義するきっかけにできる．

(3) 当たり前品質特性の導出

外部品質特性を考えるときにも，「魅力品質」と「当たり前品質」を考慮しなければならない．魅力品質に関しては，顧客から要求があったり，製品側として実装する機能として計画されていたり，外部品質要求として定義されている場合が多い．これに対し，当たり前品質の場合，明示的な要求があることは期待できない．さらに，「暗黙的に期待されている品質」「当たり前だと思われている品質」が確保されなかった場合の顧客の不満足は大きいという課題がある．このため，品質保証の立場からは明示的な要求がない当たり前の品質特性についてもぜひ導出しておきたい．

ソフトウェアを使用する顧客が特定できる場合は，その顧客に対するインタビューや過去のトラブル事例などから必要な当たり前品質特性を導出する．顧客が特定できないパッケージ製品などは，市場での競合製品やサービスとの比較によって，顧客が暗黙的に必要と感じている品質特性を導出する．

特に，当たり前品質が信頼性の場合，明示的な要求が出てくることは期待できないにもかかわらず，故障を発生させた場合には大きな影響が出てくる．また，ソフトウェアを含むシステム全体の当たり前品質が特定できたとしても，

表3.3　FMEA と FTA

項目	説明
FMEA(故障モードとその解析)	製品要素，製造工程要素に存在し得る故障がシステムとしての製品に与える影響を予測・評価し，重大な事故や故障の発生を防止する手法．つまりボトムアップである．
FTA(故障の木解析)	システムの故障モードをまず定義し，それに対する潜在的な要因を木構造で抽出し，それぞれの発生確率を評価する手法．つまりトップダウンである．

「その信頼性を保証すべきコンポーネントの特定が困難」という問題がある．この問題を解決するために活用可能な技法が，表3.3に示すFMEAおよびFTAである．

以下，日立製作所におけるFTAの適用事例[16]を紹介する(図3.3)．

社会の基盤を支えるシステムに組み込まれるようなソフトウェアの場合，絶対に起こしてはいけない事象というものがある．このようなシステムは通常多重系のシステムになっており，一つの系がダウンしても，他の系にスイッチして業務を続行できる設計になっている．このとき，他の系にスイッチできないような事象(フェイルオーバー失敗)は，そのソフトウェアとして絶対に起こしてはいけない事象の一つである．この事象を頂上事象として，FTAで上位事象が発生するための条件と中間事象を洗い出していき，基本事象まで展開する．また，基本事象が発生する可能性のある要因を，製品(製品不良)，顧客(操作ミス，設定ミス)，環境(ハードウェアもしくはネットワークの故障)のそれぞれで洗い出す．

この要因を洗い出すことで，まず製品側で実装すべき機能が明確になり，顧客が操作すべきマニュアルなどの記述の十分性も確保できる．また，品質保証の立場では絶対起こしてはならない事象の明確化や発生要因について，製品開発側の視点だけでなく顧客視点で，顧客のミスによるもの，環境条件によるものを洗い出すといったことも含めて検討できる．さらに製品開発時に，製品の機能の不備を開発段階で発見することにも使えるし，テストの網羅性の確保に

3.3 ● 品質の把握・定義フェーズ

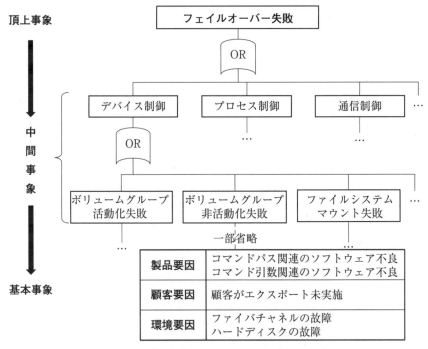

図3.3 基幹系システムへのFTAの適用(例)

も活用できる．このように，FTAは品質保証観点でも大変有効な手法となる．

3.3.4 品質機能展開(QFD)

本節で説明した品質の把握および，それを製品の機能に落とし込んでいく手順は，ハードウェア製品の世界では品質機能展開(QFD)として確立された手法となっている．QFDは，製品の開発時に，顧客や市場のニーズから開発する製品において管理可能な設計の要素へと展開する手法である．品質表とよばれる表を使って，表の行に目的とする要求品質を，表の列に直接管理可能な品質要素を配置し，設計段階から管理すべき品質要素を明確にすることが可能になる．QFDの方法論自体は，ハードウェア製品に特化されたものではなく，ソフトウェアの開発にも使用可能で，適用報告例[17]も出ている．本節の方法

論に興味をもたれた方は，要求品質の実現手法として，QFDもぜひ参照してほしい．

3.4 ▶ 品質の計画および作り込みフェーズ

品質計画の目標は，ソフトウェアのコンポーネントごとに，前のフェーズで把握・定義された品質に対応し，実際のソフトウェア開発段階での実施事項，実施時期，実施者として明文化された形で計画することである．この計画を受け，開発するソフトウェアに対して品質を確保・確認するフェーズが品質の作り込みフェーズである．本節では，現状のこれらのフェーズでの課題とそれに対応した取組みについて述べていく．

3.4.1 概要と現状の課題

品質の計画，作り込みフェーズの概要を図3.4に示す．

このフェーズでは，前フェーズで定義された品質要求を前提に，実際のソフトウェアの開発プロセスに対して「どのような基準にもとづいて」「いつ」「誰

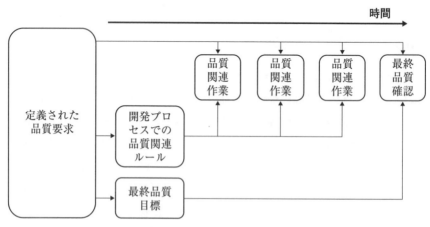

図3.4 品質の計画および作り込みフェーズの概要

が」「どのように品質を作り込み」「どのように確認するのか」を具体的に計画することで，開発プロセスのなかで要求された品質を作り込んでいく．

品質の計画およびその作り込みの重要性は理解されつつあるものの，「品質計画を怠って品質保証に失敗する」という事例には事欠かないのが現状である．現状の課題を大きく二つにまとめる．

(1) 品質計画を軽視したソフトウェア開発

ソフトウェアを開発するとき，「どのような機能をどのように実装していくか」といった計画をしないということは考えられない．しかし，品質については機能と異なり，具体的な計画を立てなくてもプロジェクトを始められてしまう．とはいえ，最終段階では，どのようなプロジェクトでも，「できあがったソフトウェアが品質要求を満たしているかどうか」を確認する．この段階で初めて品質関連の問題が頻出することも少なくないのが実態である．「バグが収束しない」「使い勝手が悪すぎる」「決められた時間内にバッチ処理が終了しない」「ハード製品のメモリが当初予定の容量では収まらない」といった問題が開発の最終段階で顕在化するような場合である．

このような問題の多くは，「実装する機能や処理方式だけが計画・設計され，品質に対する計画や作り込みがない，または不十分であること」に起因している．このため，機能と同様に品質についてもプロジェクトの初期段階で計画した内容に沿って，できるだけ早期の段階で品質を作り込んでいく必要がある．

(2) 多様化する開発プロセスに対応した品質計画

本フェーズでのもう一つの課題は，開発プロセスの多様化に対応した品質の計画および作り込み方法である．図3.4の範囲では，品質の計画および作り込みは開発プロセスに依存しない．しかし，図3.4の品質関連ルールや品質関連作業，各作業の目標基準についてはどのような開発プロセスを採用するかで大きく異なってくる．これまでのソフトウェアの品質計画や品質作り込みの説明の多くでは「ウォーターフォール型開発の上流工程で品質の計画および作り込

みを行う」とされていた．ところが，アジャイル開発には上流・下流という考え方はない．ならば「アジャイル開発において品質の計画および作り込みは不要か」と問われれば，答えは「断じて必要」となる．

「上流・下流がないのにどうやって品質の計画および作り込みを行うのか」という疑問の背後に潜む問題について，ソフトウェア開発者の観点で考えてみよう．

従来のウォーターフォール型開発での品質設計方法になじんでいる人なら，「従来型の品質設計をアジャイル開発で実施することは不可能だ」とすぐにわかる．そのため，「上流での品質の作り込みができないアジャイル開発は適用不可だ」と短絡的に決断しがちで，この結果，自分の経験している開発プロセスから新しい開発プロセスに移行できなくなるという本末転倒な問題も発生している．

こうした事態が発生する一方，アジャイル開発になじんでいる人が従来のウォーターフォール型開発によるプロセスを前提とした品質の計画および作り込みの説明を聞いた場合，「これは実行不可能だ」と感じるだろうし，「動かすものがないウォーターフォール型開発でどのように良い品質のソフトウェアが開発できるのか」を理解していない場合が多い．さらに，「品質の計画および作り込みという作業自体が不要だ」と考えてしまう可能性すらある．

この問題を解決するためには，大きく以下の2つの課題を解決する必要がある．

① 「これまでのウォーターフォール型開発ベースの品質の計画および作り込みがどのような考えで組み立てられてきたのか」について，その本質を知る．

② 「アジャイル開発における品質の計画および作り込みとはどのようなものなのか」を知る．

本節では，以上のような状況や課題を考慮し，ウォーターフォール型開発とアジャイル開発に分けたうえで，それらの品質の計画および作り込み方法について解説していく．

> **プロジェクトマネジメントと製品品質**
>
> 　現実のソフトウェア開発プロジェクトでは，ソフトウェアへの要求や開発方法とは関係なく，要員数，要員の資質，開発環境，予算，スケジュール，利害関係者との関係といったプロジェクト要素の問題により，結果的に開発されたソフトウェアの品質に大きな問題が出るということも少なくない．
>
> 　本書ではソフトウェア品質保証という立場で，顧客に満足してもらえるソフトウェアの開発プロセスについて解説しているものの，これらのプロジェクトマネジメントに関連する要素の課題については解説していない．しかし，これらのソフトウェア開発プロジェクトマネジメント関連の計画策定や計画に対するチェックと同じ時期に，品質計画を入念に行うことが重要なことは言うまでもないだろう．

3.4.2　品質保証観点でのウォーターフォール型開発

　本項では「どのようにプロセスを重ねて実行するか」という観点でウォーターフォール型開発の概要を解説した後，その仕掛けを使って「どのように品質を作り込んでいくのか」のモデルを示し，次項のウォーターフォール型開発での品質の計画および作り込みの解説へとつなげる．

(1)　プロセス観点でのウォーターフォール型開発の概要

　ウォーターフォール型開発は，複数のプロセス(中間過程)を重ねて反復なしにソフトウェアを開発するプロセスモデルである．このモデルの特徴は，プロジェクトの最初にプロジェクトに対する要求を漏れなく洗い出し，それをベースにソフトウェアの機能設計から実装，テストと，後戻りなく(ウォーターフォール＝滝のように)ソフトウェアを開発する方法である．

大規模ソフトウェアの信頼性や保守性は，その全体的な構成や開発指針といったソフトウェアアーキテクチャによって大きく変わってくる．このため，大規模ソフトウェアを大局的に俯瞰したアーキテクチャ設計を最初に行う．続いて，段階的に機能設計，処理方式設計と局所化かつ具体的な設計として詳細化を行い，コーディングを行う．テスト段階では，最小単位のコーディングのテスト(ユニットテスト)から処理方式，機能へと，設計段階とは逆のプロセスで設計およびコーディングされたソフトウェアの品質を検証していく．そして，最終的に「最初に設定した要求に対応したソフトウェアになっていること」について妥当性確認(validation)する．

　ウォーターフォール型開発の原型はハードウェアの量産工場である．読者は自動化されたハードウェア工場の製造ラインを見たことがあるだろうか．自動ラインの中間過程では「何を作っているのか」「出来具合がよいかどうか」もわからないものの，ラインの最後になると高品質の最終成果物が組み立てられる仕掛けになっている．ウォーターフォール型のモデルは，この仕掛けのアナロジーであり，ソフトウェア開発の各工程を標準化し，各工程で確実に作業すること(＝Verification)によって，最終的に高品質な大規模ソフトウェアができることを目指している．

(2)　品質観点でのウォーターフォール型開発の本質

　プロセス観点で見たウォーターフォール型開発では，品質観点での本質が見えない場合も多い．本項では品質保証という観点からウォーターフォール型開発での上流・下流における品質確保の方法の本質について解説する．

　図3.5は，ウォーターフォール型開発をもとに，各開発工程とテスト工程の関係を表したV字モデルの表現例である[18]．

　ウォーターフォール型開発では，動作するソフトウェアでテストが可能になるのが図3.5の右半分にあるテスト工程になる．また，ソフトウェア最終成果物の品質の確認をできるのは，開発プロジェクトの最終盤になる．その段階になって，大きな品質の問題が明確になった場合，開発プロジェクト全体が失敗

3.4 ● 品質の計画および作り込みフェーズ

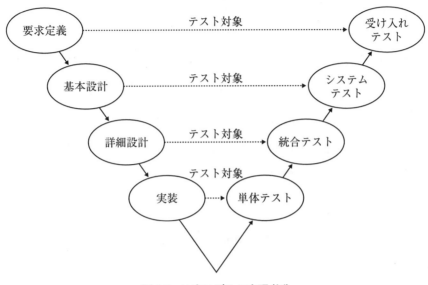

図 3.5　V字モデルの表現（例）

する可能性が極めて高い．このような事態を招かないために，まず開発するソフトウェアに対して「開発者がV字モデルの左側の設計，実装工程で意識的に品質を作り込む」という認識が必要不可欠である．品質は漫然とした開発作業の結果として得られるものではない．プロジェクトの開始時点から，ソフトウェアに要求されている品質を実現するための計画を行い，それに沿って作り込みを行うという観点から開発プロジェクト全体を検討しなければならない．

ソフトウェア開発における上流設計工程V字モデルの左上の部分は，ソフトウェアの基本的な設計思想，アーキテクチャ，ライフサイクルにわたる長期計画などを明確にする段階である．この段階において開発するソフトウェアで要求されている機能だけでなく，品質特性についても，ソフトウェア開発の全工程およびライフサイクルにわたる計画・目標を立てることが必要である．

ソフトウェア開発における下流設計工程，V字モデルの左下の部分では「上流で計画した品質を各工程で愚直に作り込む」というのが基本である．また，顧客の当たり前品質の確保および「問題を発生させない」という観点も重

要である．この部分についても，漫然と設計，コーディング，テストという各作業に集中しているだけでは品質を確保することはできない．

さらに，V字モデルの右側の各テスト工程では，「V字モデルの左側が対応する設計作業に，対応した問題をすべて刈り取って，次のテスト工程に行く」というアプローチで，品質を順々に保証していく．

日立製作所では，信頼性の作り込みについて，図3.6と同様の図を使っている．すなわち，設計工程においては「設計努力」として，できるだけ不良を作り込まないようにするための施策を計画し実行する．これに対してレビューやテスト工程では「摘出努力」として，できるだけ多くの不良をできるだけ早期に摘出するための施策を計画し実行する．

これらの「設計努力」および「摘出努力」の施策は，品質計画時に実行する

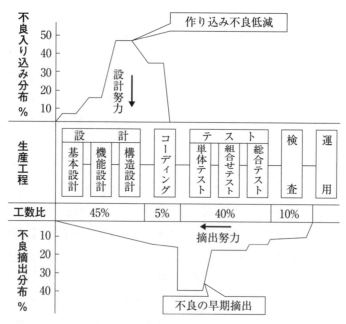

出典）保田勝通，奈良隆正：『ソフトウェア品質保証入門』，図1.8，日科技連出版社，2008年

図3.6 不良低減のための方針

3.4 ● 品質の計画および作り込みフェーズ

施策および適用する工程を特定する．また，これらは，信頼性のみではなく，開発するソフトウェアに関する重要な品質特性すべてについて実行されるべき努力である．

3.4.3 ウォーターフォール型開発における品質の計画および作り込み

本項では，前項で示したウォーターフォール型開発のプロセスや品質作り込みの考え方にもとづき，「具体的にどのように品質を計画し，各工程でどのように品質の作り込みをしていくのか」について解説する．

(1) ウォーターフォール型開発における品質計画

本項ではウォーターフォール型開発における品質計画の具体的な方法およびソフトウェア品質保証との関係を解説する．

ウォーターフォール型開発における品質計画とは，3.3節「品質の把握・定義フェーズ」で定義された外部品質要求に対応したソフトウェア製品としての品質特性(内部品質要求)をできるだけ早く作り込むために，各コンポーネントの各開発工程で「どのような品質施策を実施するか」を計画することである（図3.7）．

品質施策を構成するのは「重要な品質特性を確保するために各工程で実施す

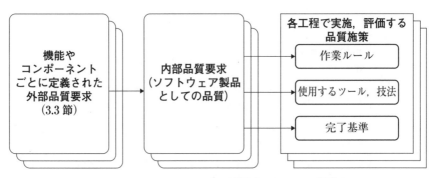

図3.7　ウォーターフォール型開発における品質計画

る作業ルール」「活用するツールや技法」「その工程が終了するときに判断材料になるような完了基準」である．品質施策で定量的な目標値が立てられるものについては，できるだけ定量的に記述したうえで，それがその工程の完了基準になるようにしたい．ただし，定量的にできることだけを計画するのではなく，計画段階では定量的に記述できないことも各工程の品質施策事項として計画したほうがよい．

　品質計画の対象は，不良を作り込まないといったコーディングレベルの問題解決だけではなく，SQuaREの外部品質特性や信頼性であっても，システムの可用性を高めるような高度な機能の設計や保守の仕掛けの問題も含んでいる．

　表3.4に，品質特性ごとに考慮すべき品質施策の例を示す．なお，SQuaREの品質特性のすべてについて品質計画を立てる必要はない．品質の把握・定義のフェーズで重要な品質特性として識別されたものについて，「設計の工程から各工程でどのような品質施策を行うか」を計画する．信頼性のうち，各工程

表3.4　品質特性ごとに考慮すべき主な品質施策（例）

品質特性	工程	品質施策，目標例
機能適合性	上流設計	マーケット担当者および品質保証担当者も出席した当たり前機能の漏れに対するチェック（他社比較などにもとづく機能，過去の事故で問題になった機能など）
	テスト	規格に準拠したプログラムの場合，標準的に提供されているテストスイートによる確認
性能効率性	上流設計	定量的な目標値があること
	上流／下流設計	実現可能なことのレビュー
	上流／下流設計	応答時間，スループット，所要リソース（メモリ，ディスク，通信量など），スケーラビリティによる特性の設計
	テスト	上記の確認
互換性	上流／下流設計	相互接続性に関するインタフェースや通信プロトコルの機能設計段階での確認

表3.4 つづき

品質特性	工程	品質施策,目標例
互換性	上流／下流設計	設計検証ツールの活用(例えば,複数状態遷移表の整合性の検証)
使用性	上流設計	ユーザビリティ専門家による機能設計書のレビュー
	上流設計	ユーザビリティインスペクション[19]
	上流設計	プロトタイピングの作成および評価
	テスト	NEM法[15]によるユーザビリティのテスト
信頼性	各工程	詳細は表3.5参照
	上流設計	信頼性向上のための耐障害,障害局所化などの機能設計
	下流設計	信頼性を向上するために有効なツール(例えば,メモリーリークをチェックする静的解析ツール)の活用
	テスト	テスト管理システム,テスト自動化ツール,プロファイラなどのテスト関連のツールの活用
セキュリティ	上流設計	使用予定ライブラリの脆弱性チェック.認証関連のロバスト設計など
	コーディング	ツールを使用したライセンス上問題のあるソフトウェアの混入チェック
	コーディング,テスト	ツールを使った脆弱性チェック
保守性	上流設計	アーキテクチャ専門家出席によるレビュー.設計原則(POSA[20]のアーキテクチャパターン,富士通の7つの設計原理[21]など)に従っていることのチェックなど
	下流設計	POSAの根底原理等のチェック
	コーディング	静的解析ツールによるサイクロマチック複雑度,最大ネストなどの測定
移植性	上流,下流設計	国際化(Internationalization)設計(他言語に移植時に変更進部分の局所化設計)
	コーディング,テスト	移植性のチェックに有効なツールの活用
	コーディング	文字コードのチェック

での摘出不良数に関しては，すべてのプロジェクトで品質計画のなかに含めて管理することが必要である．この部分については，表3.4には入れず，後で解説する．

大規模なソフトウェアの場合，ソフトウェア全体で包括的に必要な品質施策があるわけではなく，ある機能やコンポーネントという単位で，それぞれ違う品質施策や品質指標が必要になる．例えば，画面のメニューを制御するようなコンポーネントは，使用性が重視される一方で，データベースに近いコンポーネントでは信頼性や性能効率性が重視されるような場合である．このため，実際には，機能やコンポーネントごとに品質施策をまとめるのがよい．

各種品質特性のうち，信頼性の品質計画として，機能やコンポーネントごとに各工程での摘出不良の目標数を設定する．この工程別摘出不良目標管理の表を品質マップともよぶ．この例を表3.5に示す．

表3.5では，ソフトウェアの機能ごとに不良数をマップしているが，開発ソフトウェアの種類や構造，開発スタイルに合わせて，コンポーネント別のよう

表3.5　工程別摘出不良目標管理（品質マップ）の例

		基本設計レビュー	機能設計レビュー	構造設計レビュー	コードレビュー	単体テスト	組合せテスト	総合テスト	検査
機能1	目標値								
	実績値								
機能2	目標値								
	実績値								
⋮	⋮	⋮	⋮	⋮	⋮	⋮	⋮	⋮	⋮
機能n	目標値								
	実績値								
合計	目標値								
	実績値								

な分類や開発チーム別，開発担当者別の分類も可能であるし，また必要に応じて，ソフトウェア開発プロジェクト横断的な解析も可能である．組織やプロジェクトの実態に合わせた効果的な単位で分類することをお勧めする．

このマップに記入する数値は摘出する不良数でもよいが，他の品質指標でも構わない．（見積り）開発規模で平準化した値（例えば，見積もられた開発行数（LOC：Lines Of Code）やファンクションポイント数当たりの不良数）を使用すると機能間での比較が容易になる．さらに，工程完了基準としてテストの網羅率や推定残不良数のような品質指標を設け，同様に管理することも可能である．

品質計画の結果は，プロジェクト計画書の一部とするか，独立した品質計画書として作成する．このドキュメントは，構成管理対象の文書として常に最新の状態を保ち，この計画に沿って品質の作り込みを進める．最初に立てた品質計画は途中で変更することもあり得る．例えば，プロトタイプを使った使用性の評価を行った結果，再設計および使用性の再評価が必要になるような場合である．このような場合は，品質計画を構成管理手順に従って変更し，変更された品質計画に従って品質の作り込みをしていく．

なお，品質に関する作業ルールや完了基準に関しては，プロジェクトごとに設定するよりも，組織全体で共通なものを決めておくとよい．この組織的な取組みについては，第5章で解説する．

(2) ウォーターフォール型開発における品質の作り込みおよび管理

品質計画書に書かれた各工程での品質施策は，従来のプロジェクトで蓄積されたノウハウを生かして実行する．また，実行した結果は失敗事例も含めて，組織全体で共有できるようにするのがよい．ウォーターフォール型開発によるソフトウェア開発の品質の作り込みを行うなかで最も重要かつ難しいのが信頼性の管理である．

不良の検出という観点から見たレビュー技術およびテスト技術については第6章で解説する．本項では，各工程で摘出された不良の分析および問題発覚時の対策方法を解説する．

(a) 工程での施策,目標値の予実績管理

各工程で品質計画において計画した重要な品質特性に対応した品質作り込み施策が実行され,目標値があるものについては「それが達成されたかどうか」をチェックする.

(b) 工程別摘出不良の予実績管理

各工程が終了したとき,それぞれの工程で摘出された不良を分析する.この分析の基本になるのは表3.5に示した品質マップである.

表3.5によって摘出予定の不良数と実際に摘出された不良数を比較する.摘出予定に対して件数が少ない場合や多い場合は,その要因を調べてアクションをとる.ただ,このとき必ずしも品質計画で立てた不良数どおりである必要はない.予定との差異を問題にするのが品質マップの目的ではなく,差異を生じさせた原因を開発者や品質保証担当者で議論し,必要に応じてアクションを設定するのがよい.

(c) 不良要因別分析

不良の要因を機能やコンポーネント別にまとめ,表3.6に示すような不良要因別品質マップを作成する.このマップから製品のどの部分にどのような弱点があるかを解析し,その観点での再レビューおよび再テストを行うことで,品質を向上させる.

表3.6では不良作り込みの発生要因の例を示したが,この部分を技術的な作り込み要因や動機的な作り込み要因といった他の要因にすることも可能である.ソフトウェアの種類や,抱えている問題に対応してさまざまな要因と各機能,コンポーネントの対応を精査することにより,開発担当者が感覚的にしか把握していなかったソフトウェアの問題点が明確になる場合が多い.

表3.6　不良の要因別品質マップ(例)

不良要因	機能1	機能2	…	機能n	合計
境界条件					
環境条件					
組合せ					
タイミング					
⋮					

(d) 重要度別品質分析

テストで摘出された不良の致命度や影響度から重要度を分類し，品質マップを作成する．重要度別品質マップの例を表3.7に示す．

表3.7　不良の重要度別品質マップ(例)

重要度	機能1	機能2	…	機能n	合計
A					
B					
C					

このとき，重要度は以下の2つの観点から評価する．

① 致命度からの分類

「もし，その不良がフィールドで事故として顕在化したらどの程度顧客に影響があるか」という観点からの分類である．重要度の高い不良が多い場合は品質が安定しておらず，何らかの対応策が望まれる．

② テスト作業への影響度からの分類

「その不良によってどの程度テスト作業の続行に影響度があるのか」という観点からの分類である．たとえソフトウェア自体の問題としては軽微な場合でも，

表 3.8 重要度の定義(例)

重要度	致命度からの分類	テスト作業への影響度からの分類
A	製品や当該装置の全面停止,データ破壊	その後のテスト実行不可(インストールや起動不可等)
B	部分停止,特定の機能の利用不可	一部の機能部位のテスト実行不可
C	表示不正など軽微な問題	表示不正などテスト続行にとって軽微な問題

開発工程への影響の大きさを管理するもので,対策の優先順位づけに使われる.
これらの観点による重要度の定義例を表 3.8 に示す.

(e) 不良の作り込み分析と見逃し分析

「テストで摘出された不良がどこの工程で作り込まれたか」を調べる.その作り込み工程での設計不足があれば見直しを実施する.例えば,機能設計工程での観点漏れが原因であれば,当該機能やコンポーネントなどに同様の観点漏れがないかを見直す.

本来,ウォーターフォール型開発では,図 3.5 の V 字モデルに従い,あるテスト工程で対応する設計工程で作り込まれた不良をすべて摘出することが求められる.このとき,例えば,コーディング工程での作り込みなのに,機能テストで摘出されていれば,単体テストで「どうしてその不良が見逃されたか」「どこか確認が不十分な点はないか」と見直す必要がある[3].

(f) 不良種別(新規,潜在,デグレード)分析

テストで摘出された不良がどの開発プロジェクトで作り込んだ不良かを表 3.9 の種別で分類し,その原因により,同様の問題は他にないかを見直す.

デグレード不良はお客様に与える影響も大きく,リリース前に見つけた場合

---

[3] こうした解析方法については,『ソフトウェア品質会計』(誉田直美,日科技連出版社,2010 年)が参考になる.

3.4 ●品質の計画および作り込みフェーズ

表 3.9　不良の種別分類(例)[4]

不良種別	説明
新規不良	新規開発,改造部分の不良.新規開発に影響を受ける母体部分の改造漏れ,改造誤り
潜在不良	今回の開発とは関係なく単純に母体の不良.もともと母体にあった不良だが,新規開発部分により顕在化しやすくなった不良
デグレード不良	新規開発,改造の影響でこれまで正常だった処理が誤動作する不良

でも作り込み原因を分析し,対策・再発防止まで十分に実施したい.厄介なのは,潜在不良のうち,新規開発部分で顕在化しやすくなった不良で,開発時の机上検討では摘出しにくく,テストでの摘出に頼らざるを得ない傾向がある.このため,デグレード不良摘出も含め,サンプル的なリグレッションテストではなく,できるだけ自動化されたテストで,全件に近いテストをするような対策が重要になってきている.

(g)　品質見直しの優先づけと十分性の評価

ここまでの分析の結果として,品質観点での見直しが必要な場合,その観点または機能やコンポーネントごとに,さらに摘出すべき不良件数を見積もり,その十分性を評価する.

しぶといバグ,長寿命不良との闘い

ある製品でフィールドでの事故が多発するようになり,その事故を引き起こしている不良の内容を分析した.分析の結果,機能設計工程での考慮

---

[4] 新規/潜在不良は摘出したタイミング(時期)であるのに対し,デグレードはどの部位か(新規開発部位か母体部位か)の分類で,不良の考え方の軸が異なる.したがって,これを分けて管理してもよい.

漏れが原因で，不良を作り込んでいることが判明した．このため，機能設計手法やレビュー方法の強化など，開発プロセスも含め大がかりな改善を行った．結果として社内での開発工程での品質指標の改善が見られ，初期不良の発生は大きく減少した．

ところが，その製品のフィールドでの事故の総件数は思うように減らなかった．その要因を再度調べてみると，現在顕在化している不良の多くは5年以上前，なかには10年以上前の製品初期バージョンで作り込まれたものであった．これでは，現在の開発プロセスを改善しても，顧客先での事故を減らすことができない．こうして過去のバージョンで作り込んだこれまで顕在化してこなかったしぶといバグ，すなわち長寿命な不良の対策が必要となった．

「どのようにこれらのしぶといバグを対策するか」だが，長寿命となった理由，すなわち「なぜ最近になってバグが顕在化したのか」を分析する方法がある．まず，考えられるのは環境の変化だ．「お客様の使い方が近年変わってきて，これまでなかった組合せで利用されたから」とか，「CPUやネットワークの高速化などにより処理負荷やタイミングが変化したことで不良が顕在化したから」などが理由になる．そのため，こういった要因を分析し，今後顕在化する可能性がある不良を予測・開発作業を見直す観点とすることで，机上で仕様やコードを見直したり，テストを追加したりすることでしぶといバグを対策できる．

(3) ウォーターフォール型開発を採用時の課題

(a) ウォーターフォール型開発での品質の計画および作り込みの前提条件

ウォーターフォール型開発の場合，各中間工程の作業自体は開発するソフトウェアの種類に依存しない場合が多い．このため，その工程に関連する組織的な知識の集積や標準化が比較的容易である．多くのソフトウェア開発プロジェクトの経験があるような組織の場合，プロジェクト横断的に組織全体での作業

の標準化や，標準的な生産性などの組織的な開発をすることが可能になる．例えば，ソフトウェア設計ドキュメントの記述，ソフトウェアレビューやユニットテストなどのノウハウをプロジェクト横断的に蓄積し，活用するようなことが可能である．また，各工程における標準的な生産性や品質レベルも見積もることができるようになる．

実は，本節で説明したウォーターフォール型開発での品質の計画立案および作り込みができる理由は「各工程での過去の経験にもとづく標準化ができているから」に他ならない．そのため，そのような知識が集積されてない組織，または，標準的なプロセスや標準的な結果が設定されていないような組織の場合，ウォーターフォール型開発を採用することはリスクが高い．

このとき，他の組織のデータを借用して標準としてそのまま採用することは，さらに問題である．IPAの発行している『ソフトウェア開発データ白書』[12]を見ても，開発に関する各種データは会社やプロジェクトへの依存が大きく，他の開発文化，開発ソフトウェア，開発工程などで得られたデータを借用することは事実上不可能である．ソフトウェア開発を継続的に行う組織であれば，自組織のソフトウェア開発データを蓄積し各工程での標準的な生産性や品質レベルを設定できるようにしたほうがよい．

(b) ウォーターフォール型開発でのスケジュール管理

ウォーターフォール型開発での開発において，もともとの計画どおりに品質を作り込めないプロジェクトの多くでは，開発スケジュールが計画どおりに進まず，その分，品質にしわ寄せがいくことが問題の原因になっている．

実は，ウォーターフォール型開発は，アジャイル開発のようなタイムボックス型の開発プロセス(3.4.4項の(4))に比べて，スケジュール見積もりの難易度が高い．プロジェクト全体の期間で考えると各期間で，設計，コーディング，テストといった異なった作業を行う工程を実施している．このため，例えば，コーディング完了時点において，当初のスケジュールとおりであったとしても，その後の(違う作業を行う)工程でスケジュールが遅延しないという保証はない．

また，現実のウォーターフォール型開発では，各工程に対応して別々の利害関係者が存在する場合が多い．例えば，顧客は当然として，上流設計者，下流設計者，テスタ，品質保証といった利害関係者が各工程に紐づいているような場合である．各利害関係者で分業や業務委託をすることは比較的容易である反面，プロジェクト運用や品質という観点では管理が難しいともいえる．

　各工程の完了基準が不明確だと各工程がいい加減になりがちである．やるべきことが次工程に持ち越され，時間的および作業的なしわ寄せが最終工程に持ち越されて，最終的に品質の悪いソフトウェアができてしまう場合も少なくない．このため，工程をまたがる問題が出ないように，「工程完了基準を明確にする」「複数工程の担当者間で密接に連携する」という対応をとるようにしたい．

3.4.4　品質保証観点でのアジャイル開発

　本項では，アジャイル開発が「ソフトウェアの品質保証という観点で，どのような特徴をもった開発プロセスであるか」について解説し，次項のアジャイル開発における品質の計画および作り込みへの解説へつなげる．

　なお，本書におけるアジャイル開発は，現在，国内外で多くの実施例をもつスクラムとXP（eXtreme Programming）でのプラクティスを組み合わせた開発方法とする．また，本項での説明は，本書のテーマであるソフトウェア品質保証という観点に絞っている．そのため，アジャイル開発の包括的な解説については，Schwaber[8]やBeck[9]の著書を参照してほしい．

(1)　プロセス観点でのアジャイル開発の概要

　アジャイル開発とはウォーターフォール型開発のような中間工程は原則的に設けず，リリース可能な成果物を反復的かつ継続的に開発していく手法である．一昔前には「アジャイル開発」というと「ウォーターフォール型開発でない開発手法」「単に反復的に開発する手法」「ペアプログラミング，テスト駆動開発といったアジャイル開発のプラクティスを実践している手法」という不正確な理解の人も多かった．また，アジャイル開発のメリット／デメリットとしても

「品質よりもコスト」「計画的な開発ができない手法」「品質の作り込みは不可能」といった誤解が広がっていた．

しかし，アジャイル開発の本質は「コストよりも品質」である．米国の調査[11]でも「アジャイル開発の採用により生産性，ステークホルダ満足度，品質は大きく向上した」と回答されているのに対して「コスト削減効果はなかった」という回答が過半数を占めている．過去，国内ではアジャイル開発が「コスト」「スピード」と関連づけて語られることが多かったのと対照的に，米国，最近では日本国内でも良い製品を効率的に開発する道具として認知・活用されてきている．

(2) アジャイル開発での品質確保(a)：高品質成果物の積み重ね

アジャイル開発における各反復単位をイテレーション（スクラムではスプリント）とよぶ．イテレーションごとの成果物をインクリメントという．インクリメントは，そのイテレーションで開発した部分だけでなく，そのイテレーションの成果物全体をいう（スクラムガイド）．

アジャイル開発の最も大きな特徴は，反復開発を行うということではなく，反復開発の成果物であるインクリメントが常にリリース可能な品質を保つことを求めていることである．すなわち，1週間～1カ月といった短い固定期間のイテレーションで，常に高品質の成果物を積み重ねていくソフトウェア開発方法である．

従来の反復開発の失敗事例と，アジャイル開発が目指している高品質開発方法の比較を図3.8に示す．

図3.8上部のような失敗事例では，イテレーションごとに機能を追加したり，変更したりして，操作性などもイテレーションごとに改善している．しかし，イテレーションの成果物は，リリース可能なものではなく，中間成果物であるプロトタイプであったり，試行錯誤の過程だったりして，品質の確保を後工程に積み残している．このような開発方法の多くは，最終的にも，不満足なソフトウェアとなってしまう事例が多い．このとき，この開発プロジェクトがたと

第3章●ソフトウェア開発の品質保証

● 従来反復開発の課題：低品質なものを作り続けて失敗

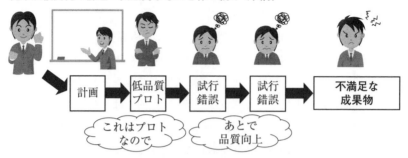

● アジャイル開発の本質：高品質成果物を積み重ねていくイメージ

図3.8　反復開発失敗例とアジャイル開発のねらい

えアジャイル開発におけるプラクティスを活用していたとしても，アジャイル開発とはいえない．

図3.8の下部，本来のアジャイル開発でも，失敗事例と同様にイテレーションごとに機能を追加・変更したり，操作性や性能効率性の改善などを行っているものの，ここですべての機能の追加・変更，改善およびその確認については，一つのイテレーションに閉じることを原則にしている．すなわち，イテレーションをまたがって，機能の追加や操作性の改善などを行うことは原則として許されていないのである．信頼性，特に不良の有無に関しては，すべてのイテレーションのインクリメントでリリース可能なレベルでなければならない．機能の追加や改善のみを繰り返して信頼性に欠けるような最終成果物にするのではなく，中間段階でも常にリリース可能な品質のレベルを保ったまま，継続的に

3.4 ● 品質の計画および作り込みフェーズ

高品質のソフトウェアを積み重ねて開発していく．これが本来のアジャイル開発である．

(3) アジャイル開発での品質確保(b)：顧客と連携した継続的な妥当性確認

前項で説明した原則を実現するためには，各インクリメントが高品質であることを確認する必要がある．本書で繰り返し述べてきたように，高品質かどうかというのは，不良のある・なしの問題だけではないし，さらにいえば，開発者側だけで判断できる問題でもない．そのため，アジャイル開発では，各イテレーションの成果物の品質を確認するため，開発チームのなかに，開発したソフトウェアの利用に関して責任をもつメンバー（以下，プロダクトオーナー）が含まれる．

確認する人を割り当てることが前提であるが，その人が確認することができる成果物を作り続けることもアジャイル開発では重要である．例えば，ウォーターフォール型開発の開発過程における成果物，内部ドキュメントや，ソースコード，内部スケジュール，不良密度，仕様書の執筆状況といったものは，検証という観点では重要な成果物ではある．しかし，プロダクトオーナーという顧客側の立場にとっては妥当性を確認できる成果物ではない．これに対して，定義された要求，動作するソフトウェア，今後の機能追加スケジュールなどは，プロダクトオーナーが，良い・悪いを判断できる成果物なので，こういった成果物を各イテレーションで作り続ける必要がある．これにより，各イテレーションでの成果物が顧客のところで実際に活用可能かどうかの判断，すなわち高品質か否かの妥当性確認が繰り返し継続的にできる．この原則とウォーターフォール型開発と比較してみたのが，**図3.9**である．

ウォーターフォール型開発の場合，開発当初に定義された要求を起点に，設計，コーディング，各テスト工程を重ねていく．これらの工程の成果物は中間成果物であり，基本的には「各工程が正しく実行されたか」という検証（Verification）の手段でチェックしたうえで，開発の最後に最終成果物に対し

第3章●ソフトウェア開発の品質保証

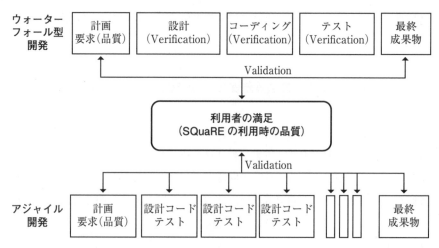

図3.9 妥当性確認(Validation)の観点から見たアジャイル開発の特徴

て妥当性の確認(Validation)を行う．すなわち，利用時の品質との比較は最初の要求定義時と最後の妥当性確認のところで確認できるが，全体的には「各工程が正しく行われているか」と検証することが主体の品質保証プロセスになっている．一方アジャイル開発では，各イテレーションの成果物が顧客の代表であるプロダクトオーナーを通じて，利用時の品質の観点から妥当性が確認される．この結果，修正が必要であれば，機能適合性や使用性といった製品外部品質特性のレベルでの改善も行われる．もちろん，イテレーションの内部ではレビューなどの検証が行われるが，プロセス全体としては妥当性確認が主体の品質保証プロセスといえる．

(4) アジャイル開発での品質確保(c)：固定メンバー，固定期間による反復開発

高品質ソフトウェアを生み出す開発プロセスおよび開発体制として，アジャイル開発にはもう一つ大きな特徴がある(図3.10)．

3.4.3項でも説明したとおり，従来のウォーターフォール型開発の場合，顧

3.4 ● 品質の計画および作り込みフェーズ

● ウォーターフォール開発

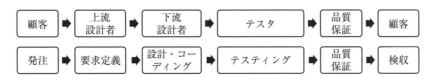

● アジャイル開発

図3.10 固定メンバー，固定作業によるアジャイル開発

客，上流設計者，下流設計者，テスタなど，さまざまな開発関係者が工程ごとに異なる作業を工程ごとに異なる期間で行い，まるでリレーのような形式でソフトウェアを開発していた．この開発方法で例えば，上流設計者が基本設計の工程をオンスケジュールでやっていたとしても，「その後の他の人が実行する工程で遅延が発生するかどうか」は明確ではない．さらに，テスト段階に入って当初のスケジュールから遅延していると，結果的に再設計すべき部分が低品質であったり，テスト期間が不足したりして低品質なソフトウェアになることが多かった．

　その一方，アジャイル開発では，一つのイテレーションは1週間〜1カ月という期間で固定し開発チームのメンバーが同じような作業を繰り返し行う．ここで，最初から最後までチーム内のメンバーの入れ替えはなく，同じメンバーが開発するのが原則である．イテレーションのなかには，設計，コーディング，テスト，妥当性確認とさまざまな作業が必要になるが，あるメンバーがある役割を固定的に請け負うのではなく，チームとして必要に応じて一人ひとりのメンバーが，あるイテレーションでは設計，あるイテレーションでは環境構築と，

フレキシブルにチームとして必要な役割を動的にこなすことが求められる．

　各イテレーションでは，そのイテレーションで実装する項目（プロダクトバックログ項目）を決め，設計，実装，テスト，妥当性確認を行う．最初の2，3回のイテレーションで「そのチームが一つのイテレーションで，どの程度の開発ができるか」という実力（ベロシティという）がわかる．ウォーターフォール型開発のように，工程ごとに本質的に違う作業を行うのではなく，アジャイル開発では，最初から最後までイテレーションのなかでは同じような作業を繰り返し行う．したがって，そのチームのベロシティを把握することで，そのプロジェクト全体のスケジューリングを高い精度で予測でき，スケジュールの乱れによる品質の課題を軽減できる．

(5) アジャイル開発での品質確保(d)：開発期間中の開発チーム，プロセスの成長

　アジャイル開発ではイテレーションの最後に，その成果（インクリメント）を評価する会議（スクラムではスプリントレビュー）とは別に，イテレーションでの開発チームの取組みを評価するレトロスペクティブとよばれる振り返り会議を開催する．

　ウォーターフォール型開発の場合，振り返りは一つのプロジェクトが終わったときに，プロジェクト単位の振り返り（ポストモーテム）として行われる場合が多い．もちろん，ある工程が終了したときに振り返りの機会を設けるのもよい．その場合でも，それが改善できるのは次の開発プロジェクトまで待たなければならない．しかしアジャイル開発では，開発プロセスとして各イテレーションで実施する作業が同じであるので，イテレーションごとにその取組みをレトロスペクティブで評価できる．そのため，反復単位という短期間ごとに，開発チームおよびそのチームによる開発プロセスを向上させることが可能になる．

　レトロスペクティブでは，チームのメンバーが全員集まり，そのイテレーションで実施して次回以降も続けること（Keep）や，問題になったこと（Problem）を列挙し，次のイテレーションで新たに行うこと（Try）を抽出する．

これらの項目は，技術的な施策，会議の効率化，コミュニケーションの改善など，チームでのソフトウェア開発を改善するものすべてが含まれる．レトロスペクティブという場を定期的に実施し，イテレーション単位での改善を積み重ねていくことで，一つの開発プロジェクトのなかでチームとしての成長および各イテレーションでの開発プロセスの成熟の両方が実現できる．

(6) アジャイル開発での品質確保(e)：チケットベースのプロジェクトマネジメント

　従来のウォーターフォール型開発では，要求管理，開発機能管理，懸案管理，インシデント管理，不良管理，スケジュール管理などの各種管理はそれぞれ別の単位，別のツールを使っていた．これに対して，アジャイル開発では，要求，開発機能，懸案，インシデント，不良もすべて「何か作業が必要なもの」という発想でチケットという同じ仕掛けを使って管理する．また，チケットで管理する作業の単位は，人日，人時という細かい単位で設定する．この仕掛けを使うことによりチケットの中途の進捗管理を行わず「単にチケットが完了したか否かの管理」だけでプロジェクト全体のスケジュール管理が高精度でできるようになる．

バックログという用語の意味

　チケットを格納する場所をバックログという．従来だと要求や開発機能にはポジティブなイメージがあったので，これらを懸案・不良といったネガティブなイメージのものと一体管理することに不安を覚える読者もいるかもしれない．さらには，そういう格納場所に「バックログ」とどちらかというと後ろ向きな名称をつけていることにも抵抗を感じるかもしれない．

　しかし，アジャイル開発の発想で考えると，開発者にとっては，これから開発する機能であっても，それを必要とする顧客のビューでいえば「必要であるのに満たされていない状態」といえる．その観点では開発機能も

> バグも相違はない．この「顧客が満足するはずの状態との差分」が，バックログであり，それをマネジメントするということが，すなわち顧客の満足や製品の品質をマネジメントすることに他ならないのである．

3.4.5　アジャイル開発における品質の計画および作り込み

　前項で説明したとおり，アジャイル開発はより変化に適応的であり，スピード向上を達成できるというだけでなく，品質保証の観点でも意味のある開発方法である．しかし，その一方で，アジャイル開発を採用するだけで夢のように品質が向上するといったことはありえない．この開発方法も他のすべてのソフトウェア開発ノウハウと同様に「これさえあれば，すべて解決する」というような「銀の弾丸[7]」ではない．単に，「アジャイル開発を採用した場合でも，高品質ソフトウェアを実現する方法はある」ということである．

　アジャイル開発における品質計画は，ウォーターフォール型開発と同様，各プロセスの実行ルールの計画および各種施策の実行内容や実行時期の計画からなる．しかし，その内容はウォーターフォール型開発の品質計画と全く異なる．

　本項では，アジャイル開発において，前項で説明した品質確保に有効となる仕掛けを使って，「どのように品質を計画し，また，品質を作り込んでいくのか」について解説する．また，品質の計画および作り込みという観点から「ソフトウェア品質保証業務をどのように開発プロセスに組み込んでいくか」についても解説する．

(1)　プロジェクト／プロダクトルールの作成

　アジャイル開発における各種ルールは「作業方法の善し悪し」という観点よりも「作業の結果としてしっかりできたか」(アジャイル開発の用語で，「完了の定義(Definition of Done)」)という観点を比較的重視している．しかし，品質保証という観点でいうと「どのように作業するか」というルールも重要である．

　ここで，ウォーターフォール型開発でのルールとアジャイル開発でのルール

は大きく異なる．ウォーターフォール型開発では，複数種類の工程を正しく実行することで段階的に品質を作り込んでいく方法を採用している．この場合，プロジェクト基準とかプロジェクト規則とよばれるようなルールは工程ごとにそれぞれ作成されていた．例えば，機能レビューの基準であったり，コーディングルール基準であったり，テスト基準などである．その一方で，アジャイル開発では，単一種類のプロセスを反復的に繰り返すことで高品質のソフトウェアを継続して積み重ねていく方法である．つまり，開発ルールの作成という観点でいうと，プロジェクトの最初から最後までイテレーションに対する単一のルールがあれば十分ということになる．

　実際のアジャイル開発を採用したプロジェクトではイテレーションのルールのみでなく，開発物を外部（組織内の他プロジェクトや組織外）にリリースする場合に対応できるルールもあったほうがよい．すなわち，プロジェクトが終了したときの最終的なリリースに加えて，中間イテレーションにおけるインクリメントのプロジェクト外への提供方法などのルールを定めるとよい．

　表3.10にアジャイル開発を採用時に決めておくべきルールの例を示す．このなかでイテレーションの完了にかかわるルールについて，表3.11で詳細化した．

　表3.10および表3.11のルールは，原則として最初のイテレーション「スプリント0（ゼロ）」で決めておく必要があるものの，多くのルールは組織で共有可能である．少なくとも，同じチームの過去のプロジェクトにおけるポストモーテム（プロジェクトレベルの振り返り会議）の結果を反映する．また，できれば組織全体のベストプラクティスや失敗事例をガイド化しておき，それを活用することをお勧めしたい．

　組織全体でルールを共有化することで，各プロジェクトにおける「スプリント0」での作業をより効率化できるとともに組織全体でのアジャイル開発の成熟度を把握できるようにもなる．また，この際に，品質保証業務として，組織全体でのルール作りや各プロジェクトにおける品質関連で「完了の定義」の策定に主体的な役割を負うことを期待したい．

表3.10 アジャイル開発時の品質関連ルール(例)

分類	ルールの例
スプリント0の完了定義	「スクラムガイド」の各種ロール
	「スクラムガイド」の各種イベント，各種作成物の定義
	構成管理対象(ドキュメント，テスト，データなども含めて)の特定
	イテレーション完了のルールの決定
	技術的負債[注]に関連した基準(負債の計測方法，閾値を超過した場合の対応など)の決定
バックログ項目の完了定義	イテレーションで実施するすべてのバックログ項目(スプリントバックログ)について完了の定義が記述ある．
	バックログ項目に関する構成管理および品質管理上の要求を完了している．
イテレーションで実施するイベントの定義	イテレーション(スプリント)で実行するイベントを定義する．スプリント計画，デイリースクラム，スプリントレビュー，レトロスペクティブなど．
イテレーション実行のルール	マスターリポジトリへのコミットされたソースコードがレビュー，テスト済みである．
	イテレーションにおける成果物がもれなくリポジトリにコミットしている．
	チームのベロシティの観測，評価
イテレーション完了のルール	表3.11 参照
プロジェクト外に提供に関するルール	品質保証観点での妥当性確認作業が完了している．
	セキュリティ観点でのテストが完了している．
	ライセンス，特許などの問題がないことの確認ができている．
	提供物がデータ保全されている．
ポストモーテム	プロジェクトレベルの振り返り(失敗だけでなく，成功も)

注) イテレーションの完了時に，次イテレーション以降に先送りした技術的な課題を技術の負債(technical debt)とよぶ．

3.4 ● 品質の計画および作り込みフェーズ

表 3.11　イテレーションの完了にかかわるルール（例）

分類	ルールの例
信頼性	未解決の不良が 0 件
	当該スプリント開発部分でのリグレッションテストの不備なし
	潜在もしくはスプリント跨りの故障が発生した場合のリグレッションテスト完了
	ユニットテストレベルで命令網羅が 100％
	ユースケースごとの不良摘出目標値達成（機能要求に対応したバックログに対応して目標値を設定）
	リグレッションテストレベルで確保すべき命令網羅のパーセンテージ
	リグレッションテスト準備，実行，確認含めて全自動化されていること
保守性	新規／変更のメソッド／関数のサイクロマチック複雑度の上限
	新規／変更のメソッド／関数の最大ネストの上限
	新規／変更のメソッド／関数の実行文行数の上限
	クラスの実行文行数の上限
	クラス内の各メソッドのサイクロマチック複雑度合計の上限
	UTF-8 以外のエンコードのソースコードなし
	テスト部分を除く最大のコードクローンのトークン数の上限
	静的解析指摘のインシデントなし
	その他のプロジェクトのコーディング規約違反がないこと
	技術的負債の算出および負債の上限値
	ディレクトリ構成，ファイル名などが実装規約どおりであること
	チケット管理システム，バージョン管理システムなどの使用方法が正しいこと
作業関連	スプリント終了時に技術的負債を人・時で算出していること
	レトロスペクティブで KPT が明確であること

(2) アジャイル開発における品質計画

3.4.3項で説明したとおり，ウォーターフォール型開発の品質計画では，重要な外部品質特性に対して，できるだけ上流工程でその品質を向上させるような施策を計画していた．その一方で，アジャイル開発の場合，上流下流という概念はないが，ウォーターフォール型開発のときと同様に，できるだけ早い時期に重要だと把握・定義された品質特性に関連して問題がないことを確認する必要がある．また，この実現に際しては品質保証特有の仕掛けを新たに導入するのではなく，アジャイル開発で実績のある仕掛けをまず検討したい．

アジャイル開発で実績のある仕掛けを使い，早期に品質特性を確認できる品質計画の例を図3.11に示す．

まず，スプリント0(最初のイテレーション)で，重要な品質特性を，動作するソフトウェアを使って確認する作業に変換し，それらをバックログに登録する．登録された品質関連のバックログを本書では「品質バックログ」とよび，そのなかの個々の項目(品質を確認する作業に相当)を「品質バックログ項目」とよぶ．個々の品質バックログ項目に対しては，スプリント0の時点で，アジャイル開発のリリース計画の仕掛けを使用し，「どのイテレーションでその品質バックログ項目を消化するのか」についてスケジューリングする．

ここで，品質バックログ，リリース計画は，品質計画として固有の仕掛けを

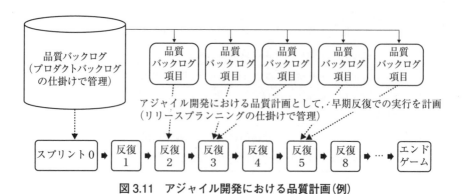

図3.11　アジャイル開発における品質計画(例)

3.4 ● 品質の計画および作り込みフェーズ

使うのではなく，アジャイル開発で通常使用しているバックログ管理の仕掛けを使う．すなわち，品質バックログ項目の実態は，プロダクトバックログ項目の一つであり，他の種類のバックログとともにプロダクトバックログのルールで管理する．また，品質バックログ項目とイテレーションとの対応づけも，リリース計画の仕掛けを使って行う．品質バックログ項目に関しては，直接顧客に提供されるものではないが，できるだけ早期に品質の妥当性を確認する観点から具体的な月日（期限）を設定して管理するとよいだろう．

品質バックログの項目は 3.3 節で導出した外部品質要求に対応し，アジャイル開発の特定のイテレーションのなかで実際に評価・確認できる内部品質要求に相当する．この項目は，開発するソフトウェアやプロジェクトによって固有の項目である．ただし，信頼性や使用性など，外部品質特性によって，ある程度，共通的な品質バックログ項目はある．表 3.12 にアジャイル開発で典型的に表れるような品質バックログ項目の例を示す．

表 3.12　品質バックログ項目（例）

分類（外部品質特性）	品質バックログ項目（内部品質要求相当）の例
性能効率性	100 万データ格納時の検索性能確認
	無停止運転時のメモリリークチェック
使用性	疑似エンドユーザによるユーザテスト
	NEM による操作性の定量的評価
	Nielsen の原則にもとづくユーザビリティインスペクション
保守性	POSA のパイプ＆フィルタパターンによる実装評価
	アーキテクチャ専門家によるアーキテクチャレビューの実施
セキュリティ	ツールを使用したライセンス上問題のあるソフトウェアの混入チェック
	ツールを使った脆弱性チェック
信頼性	ユーザ環境のシミュレーション環境によるテスト
	実環境ログを使ったオペレーショナルプロファイルテスト

(3) アジャイル開発における品質の作り込みおよび管理

品質作り込みとは，「品質計画で計画した各種のルールどおりに開発を進めること」および「品質バックログの各項目をスケジュールどおりに完了したことを確認すること」である．この品質作り込み時点で課題になるのは以下の(a)〜(c)という3つのケースで，それぞれの課題と管理の仕掛けについて解説する．

(a) 各イテレーションでのインクリメントが不完全な場合

「インクリメントが不完全」とは，つまり，「各イテレーションでの作業や品質バックログ項目の確認はできたはずだったにも関わらず，後のイテレーションで完了していないことがわかった場合」である．もっともよくある例として，「あるイテレーションで作り込んだ不良をそのイテレーションで摘出できず，後のイテレーションで摘出するような場合」が挙げられる．

あるイテレーションで不良やその他の品質の問題を検出した場合，「当該のイテレーションで作り込んだ不良などの問題に対処する場合」と「当該のイテレーションよりも前に作り込んだ問題に対処する場合」では対応を変える必要がある．特に，後者の問題は「"イテレーションごとに開発を完成させる"というアジャイル開発の原則を守れなかったこと」を意味しているため，当初に決めた完了基準などの見直しも含めて検討し直す必要がある．

(b) 品質バックログ消化のスケジュールが遅延する場合

「もともとのスケジュールどおりに品質バックログ項目が実行できない場合」である．この管理には，アジャイル開発でのプロダクトバックログのバーンダウン[5]の仕掛けを活用できる．すなわち，プロダクトバックログ内の品質バックログ項目に閉じたバーンダウンチャートを記述することで品質計画に対応した実績が可視化される．さらに，品質バックログには，予定の期日が入ってい

---

5) 未実施バックログ総量の推移から完了時期を推定する方法．

るため，計画時のバーンダウンの予定とバーンダウンの実績を比較することで品質関連の進捗状況や，今後のスケジュールの管理も可能になる．

(c) 開発作業を進めている最中に新たな品質バックログ項目の設定が必要になった場合

これは，例えば，「途中まで開発してから全体的なアーキテクチャを見直さなければならなくなった」「エンドユーザに対する操作性を評価した結果，操作性の改善および操作性の再評価が必要になった」というような場合である．このときは，イテレーションのなかのスプリントレビューまたはスプリントレトロスペクティブの結果も含め，品質バックログのなかに新たに品質バックログ項目を追加する必要がある．また，反復的に開発を積み重ねた結果，ソースコードが複雑になって，（不良があるわけではないが）保守性が落ちてしまい，リファクタリングが必要になるような場合も相当する．このような保守性の問題はアジャイル開発では技術的負債(technical debt)または設計負債(design debt)とよばれている．ここで，「品質バックログ項目としてリファクタリング作業を入れることが必要になる技術的負債の基準」については，ルール化したうえでこれらの新たな品質バックログ項目についても期日を入れるとよいだろう．

以上，(a)～(c)の課題いずれに対しても，アジャイル開発のもともと備わっている仕掛けを活用することによって，品質マネジメントにかかわる負荷を最小限にしたうえで，その効果を最大限にすることが可能になる．

3.4.6　アジャイル開発を採用する際の課題

(1) アジャイル開発が可能なソフトウェアの条件

ここまで述べてきたように，アジャイル開発を採用したときには，イテレーションごとに顧客にとっての善し悪しを判断できる(=Validationできる)成果物が出力されることが前提であるうえに，各イテレーションの成果物の品質は

開発部分だけでなく，母体部分も含めてリリース可能なものでなければならない．しかし，この原則を守ることができていないソフトウェアが実は多いのである．

基本的にアジャイル開発が適用可能なソフトウェアは，アーキテクチャレベルで凝集度が高く局所的な改造で機能追加できるようなものである必要がある．さらに，テストは確認も含めて全自動化されており，開発部分以外の品質も保証できていることも重要である．しかし問題は，このような条件を満足していなくてもアジャイル開発は始めることができるうえに，アジャイル開発のプラクティスも実行できることである．

現実には，開発者の士気も高く，最初の数回のイテレーションはうまくいっているように見えるケースが出てくる．しかし，イテレーションを重ねるごとに，本来の顧客の目標に沿った機能開発およびテストの両面で効率が下がっていくのにともなって，チームの実力（ベロシティ）も下がっていく．例えば，それまでウォーターフォール型開発を続けてきたソフトウェアの多くは自動化テストが整備されておらず，機能開発やテストに長い期間を要するものも多い．このようなソフトウェアについては，たとえアジャイル開発の各プラクティスが実行可能であったとしても，アジャイル開発を採用することはリスクが大きいであろう．

では，機能開発やテストに長い期間を要するソフトウェアの開発プロジェクトはウォーターフォール型開発を採用するしかないのであろうか．答えは否である．そのようなプロジェクトに対しては，アジャイル開発ではなく，3.4.7項で説明する中間工程を許容するような RUP などの反復開発でプロジェクトを採用するべきである．すなわち，RUP のなかのエラボレーション（推敲）フェーズまでに，アーキテクチャや自動テストの課題を解消し，その後にコンストラクション（作成）フェーズから，部分的にアジャイル開発を実行するという方法をお勧めしたい．

3.4 ●品質の計画および作り込みフェーズ

(2) アジャイル開発に臨むチームの条件

すでに説明したように，体制面では，チームのなかに顧客の立場で成果物の善し悪しを判断できるメンバー（プロダクトオーナー）がいることが条件である．成果物の良否が判断できない場合，ソフトウェア開発側がいくら反復的に改善しているつもりでも，顧客側のビューでは空回りしているように見える場合もある．また，開発側にも，「アジャイル開発とはどういうものか」という価値のレベルから理解したうえでソフトウェア開発チームをリードできる技術者（スクラムマスター）が必要である．

プロダクトオーナーやスクラムマスターについては，アジャイル開発経験が豊富な人を割り当てるのがよい．一方で，開発チームには必ずしも特殊な技能をもっているメンバーのみをそろえる必要はない．本章で述べてきたような規律をもったアジャイル開発の場合，まず，チームでの実力（ベロシティ）を把握したうえで，イテレーションごとにレトロスペクティブなどで開発方法自体も改善できれば，一つのプロジェクトのなかで開発ソフトウェアの改善をはかることができるし，チームやチームのメンバーも成長していくことが可能となる．

(3) 品質保証担当者の位置づけ

3.4.4項でも述べたとおり，アジャイル開発におけるソフトウェア開発チームはメンバー一人ひとりに固定的な役割を割り当てない．あるイテレーションでは，設計，コーディング，テストという作業は必要であるが，それを実施するのは前のイテレーションとは異なったメンバーかもしれない．このとき，品質保証担当者はどのような位置づけにするのがよいだろうか．

本書で解説した内容にもとづけば，品質保証担当者は顧客の立場からソフトウェアを最終的に確認する技術者なので，一般の開発者とは少し異なるロールに見える．しかし，品質保証担当者が，アジャイル開発チームの外部から単に品質の最終確認フェーズ（3.5節）のみ担当するのは，アジャイル開発という観点からも早期に品質を確保するという本書の立場からも異なる．

このため，たとえ品質保証部署に属する品質保証担当者であっても，アジャ

イル開発においてはソフトウェア開発チームに加わるのがよい．これは，品質保証担当者が本務を捨てるということではなく，アジャイル開発での開発チーム自体が品質保証のロールを負っていると考えるとよい．開発チームが，イテレーションで実行することを期待される品質保証観点の作業例を以下に示す．

- イテレーションでの利用時の品質を意識したテストの実施(すなわち妥当性確認)および自動化されたそれらのテストの開発・保守
- スプリントレビューおよびスプリントプランニングにおける品質バックログに関するプロダクトオーナーの補佐
- レトロスペクティブにチームメンバへの品質意識を醸成すること．もし可能なら，レトロスペクティブをリードして，開発チーム全員が「良いソフトウェア」をつくる意識を醸成すること．

(4) 組織的なアジャイル開発のノウハウの集積

アジャイル開発では，あるチームのイテレーションと他のチームのイテレーションでの作業が大きく異なることが多い．また，各チームでメンバーを固定することによって，固定期間で一定の成果を出力できるように工夫している．

したがって組織的に，設計，コーディング，テストなどの標準的な作業ルールを設けたり，生産性などを集積したりすることがウォーターフォール型開発に比べて困難である．しかし，複数のアジャイル開発のチームを比較してみると，あるチームで実施しているプラクティスのノウハウが他のチームでも有効という場合も少なくない．

このような課題に対しては，チーム内の連携だけでなく，チーム間でチームの運営からソフトウェアの設計，コーディング，開発環境，テストといった分野について，ノウハウをやりとりできるとよい．具体的には，アジャイル開発のチームをまたがり，そのなかの同じ専門技術をもつメンバーからなる横串的なコミュニティを設けて，その役割でのベストプラクティスを収集・展開するとよい．

3.4 ● 品質の計画および作り込みフェーズ

(5) アジャイル開発での品質指標

アジャイル開発の品質保証観点の指標の例を表3.13に示す．各指標は，3.4.4項，3.4.5項に示したアジャイル開発の特徴や品質の計画および作り込みに対応した指標である．

これらの指標のうち，アジャイル開発でもっとも基本となる指標はチケットのサイクルタイムである．不良の場合，テスト中に不良が顕在化してから，不

表3.13 アジャイル開発における品質指標（例）

#	品質指標	単位	説明
1	スプリントレビュー確率率	%	スプリントレビューでプロダクトオーナーに確認されたバックログ項目のSP[注]÷開発したSP（3.4.4項(3)対応）．
2	ベロシティ標準偏差	SP	各イテレーションでのベロシティの標準偏差．ベロシティがイテレーションごとに安定しているかどうかを判断するための指標（3.4.4項(4)対応）．
3	サイクルタイム	時間	チケットが起票されてから閉じるまでの時間．チケットの種類ごとに計測するとよい（3.4.4項(5)対応）．
4	回転率	1/時間	サイクルタイムの逆数．ある単位期間での「平均仕掛かりSP÷完了SP」．サイクルタイムが長い場合に計測が容易になる（3.4.4項(5)対応）．
5	イテレーション完了品質	不良数または不良数÷SP	イテレーションが完了後に出た不良数．または，そのSPで正規化した値（3.4.5項(3)(a)対応）．
6	品質バックログ項目遵守率	%	品質バックログ項目の期限を遵守した割合（3.4.5項(3)(b)対応）．
7	途中追加品質バックログ項目	SP÷イテレーション数	開発途中で追加した品質バックログ項目のSP数累計÷イテレーション数（3.4.5項(3)(c)対応）．

注）ストーリーポイントの略称．

良を特定・解決し確認するまでの時間がサイクルタイムである．バックログ項目の場合も，バックログに登録されてから，削除されるまでの時間でサイクルタイムが計測できる．バックログ項目のように，比較的寿命の長い項目を管理する場合は，回転率(turnover)を使用することも可能である．この場合，個々の項目の寿命を計測しなくても，イテレーションごとの仕掛かりと，完了したバックログ項目から回転率は計測可能である．サイクルタイムや回転率は，チケットの種類ごとに計測するとよい．

アジャイル開発の場合，プロジェクトのなかでのみ有効な品質指標と，プロジェクトをまたがって，組織で管理可能な品質指標がある．ストーリーポイントで正規化した場合，プロジェクトのみに有効な指標となる．

アジャイル開発に限らないが，品質指標の多くは結果指標であり，開発者はベストを尽くしたうえで，結果として出てきた指標を評価するように心がける必要がある．

---

agile, Agile, アジャイル

　欧米ではアジャイル開発が日本よりはるかに普及しているといわれている．実際に，米国，英国，インドなどでソフトウェアベンダに対して，「あなたたちは，アジャイル開発を採用しているか」を問うと，どこのベンダもまずは，「アジャイル開発を採用している」と答える．

　しかし，さらに踏み込んで，ソフトウェア開発プロセスの詳細を尋ねてみると，「コンストラクション部分はアジャイル開発だけどね」「実はうちはミニウォーターフォールなんだ」「原則アジャイル開発だけど，エンドゲームは重視しているよ」といった反応が多かった．こういった反応は，「アジャイル開発というプロセス(固有名詞としてのAgile)そのものではないが，変化に俊敏に適応するというアジャイル(一般名詞としてのagile)は実践している」ということを表明している．

　日本国内では，過去には単に「アジャイル開発の一部のプラクティスを

採用しているから」というだけで，アジャイル開発と称しているプロジェクトも散見されていた．しかし，最近になって，「変化に俊敏に適応する」という本来の意味でのアジャイル開発を適用しているプロジェクトが増えてきている．筆者にとってもとても喜ばしいことである．

3.4.7　ソフトウェア開発プロセス多様化への対応

　本節では，前項までソフトウェア開発プロセスの代表として，ウォーターフォール型開発とアジャイル開発を代表として説明してきた．この二つのプロセスモデルが両極端のプロセスモデルであるが，これだけがすべてではない．

　ソフトウェアの開発プロセスモデルを，二つの軸から成る一つの図をイメージしながら分類してみよう．

　第一の軸(図の縦軸)は，「反復開発を行うか否か」である．反復開発とは，設計，コーディング，テストといった作業を複数回繰り返してソフトウェアを開発することである．

　もう一つの軸(図の横軸)は，「中間工程を積み重ねるか否か」である．中間工程とは，その工程の出力が最終的にリリースするものとは違う中間過程の成果物(設計ドキュメント，動作確認していないソースコードなど)である．

　この二軸でソフトウェアの主な開発プロセスを分類すると，**図3.12**のようになる．

　図3.12の左下(Ⅲ象限)は，反復がなく，中間工程を積み重ねてソフトウェアを開発する方法である．ウォーターフォール型開発がこの象限の典型的な開発方法である．その対極，右上(Ⅰ象限)は，中間工程を設けず，反復的にソフトウェアを開発する方法である．この象限の典型的な開発方法がアジャイル開発である．本節では，ここまで，この二つのモデルを扱ってきた．しかし，他の象限も実際の開発プロセスとして良く使われる．

　左上(Ⅱ象限)は，反復も中間工程の積み重ねも行うソフトウェア開発方法で，ラショナル統一プロセス(Rational Unified Process：RUP)やその後継の統一

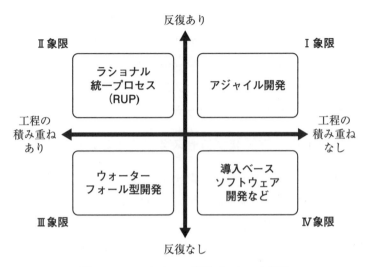

図3.12　ソフトウェア開発プロセスの分類

プロセスが代表的な開発方法である．

　右下（Ⅳ象限）は，反復も中間工程の積み重ねもないソフトウェア開発方法である．小規模のソフトウェア開発やパッケージソフトウェアを活用したビッグバンアプローチや，商用ソフトの組合せでシステム構築をするようなCOTS（Commercial Off The Shelf）とよばれるような導入ベースソフトウェア開発がこの象限に属する．

　図3.12中に書き込んだ開発プロセスモデルは，各象限を代表するプロセスモデルであって，それ以外のモデルも存在する．また，実際のソフトウェア開発プロジェクトにおいては，典型的なモデルを100％実行するということはなく，これらの各プロセスモデルの混在的な形態をもつのが通例である．

　本項では，Ⅱ象限のRUPと，Ⅳ象限の導入ベースソフトウェア開発など，自分で開発していないソフトウェアをベースとしたソフトウェア開発のプロセスについて，簡単に補足する．

3.4 ● 品質の計画および作り込みフェーズ

(1) RUPの品質の計画および作り込み

　RUPは，短期間でリリース品質を確保することが困難なソフトウェアに対しては現実的な反復モデルである．このモデルは，アジャイル開発と同様のイテレーション単位の反復をもつが，一つの開発プロジェクトのなかで，四つのフェーズ（中間工程）を設ける．すなわち，方向づけ（inception）フェーズ，推敲（elaboration）フェーズ，作成（construction）フェーズ，移行（transition）フェーズであり，それぞれのフェーズのなかで，複数のイテレーションを実行する．このなかで，推敲フェーズまでに全体のアーキテクチャや方向性を確定し，作成フェーズで増分的に機能（feature）を実装し，移行フェーズで最終的に評価する．RUPの考え方を導入した日立製作所で活用している反復型ソフトウェア製品開発プロセス（ISPD：Iterative Software Product Development）のプロセスを図3.13に示す．

　RUPにおける品質計画は，方向づけフェーズまたは推敲フェーズの初期に実施する．品質計画の内容はウォーターフォール型開発的な品質計画とアジャイル開発での品質計画のハイブリッドである．推敲フェーズまでに実施する品質作り込み施策は，ウォーターフォール型開発と同様の品質計画で計画するこ

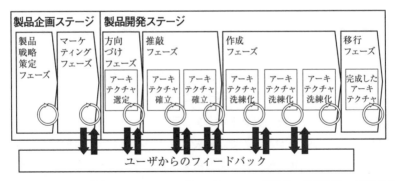

出典）日立製作所情報・通信システム社ソフトウェア事業部　香西周作，四野見秀明他：「大規模ソフトウェア製品開発向け反復型プロセスと適用」，SPI Japan 2011 発表資料（https://www.jaspic.org/event/2011/SPIJapan/session2A/2A1_ID015.pdf）

図3.13　RUPにもとづく日立内での反復開発プロセスISPD

とができる．作成フェーズにおける品質作り込み施策は，図3.11で示したアジャイル開発と同様な品質計画をするとよいだろう．このハイブリッドな品質計画を可能にするためには，作成フェーズに入るまでに，アジャイル開発での短期間でのリリース品質確保ができるように，ソフトウェアのアーキテクチャやテスト，開発環境などを整備しておく必要がある．

　RUPは極めて現実的なプロセスモデルなので，米国で「アジャイル開発を実施している」と称しているソフトウェアベンダの多くは，純粋なアジャイル開発ではなく，RUPまたはRUPの要素を導入している．しかし，RUPが良いこと尽くめというわけではない．RUPは，ウォーターフォール型開発やアジャイル開発に比べて柔軟性が高く，良い面もあるが，その反面，例えば「工程の後戻りはしない（ウォーターフォール型開発）」とか「すべてのイテレーションの成果はリリース品質とする（アジャイル開発）」というような開発プロセス構築時の制約条件が強くない．このため，RUPを採用しようとするプロジェクトでは，個別にスケジュールや品質を熟考して計画する必要がある．さらに，不十分な計画でスタートした場合，「推敲フェーズがいつまでも終わらない」「移行フェーズに大量の不良を持ち越す」というような問題が頻発する危険性もある．

(2)　導入ベースソフトウェア開発の品質の計画および作り込み

　昨今，他組織で開発したソフトウェアやオープンソースを導入する機会が増えており，導入品と自組織で開発したソフトウェアとを組み合わせて最終的なソフトウェア製品にするようなケースが多い．

　自組織で開発していないソフトウェアに関しては，品質の計画および作り込みの観点で大きな違いがあるので，導入ベースでソフトウェア開発を行う場合について，以下，品質の観点から事前に考えておくべきことを列挙していく．

　まず導入前に，製品品質特性のチェックが必要となる．このとき，もっとも重要度の高いセキュリティやライセンス混入についてチェックする必要がある．その際，導入するソースのなかに「セキュリティを脅かすようなコード」や

「本来あってはいけないはずのライセンスをもったコードがないこと」を確認する．続いて，「信頼性，保守性，移植性の観点から問題はないか」について，提供物レベルおよびサポートレベルの見極めが必要である．このとき，提供物レベルとしてソースコードやドキュメントがあれば，それらを評価する必要がある．また，サポートレベルとしては開発組織のサポート体制やコミュニティのアクティビティ（オープンソースの場合）を評価したうえで，不良修正の頻度やインシデント発生から開発までの時間などを評価する必要がある．

次に「導入するバージョン」と「導入元組織との関係」を決める．「導入するバージョン」については，安定版またはLTS（長期間サポート版）とよばれる品質が良く長期間サポートが受けられるようなものが望ましい．「導入元組織との関係」については，開発の同期方法の検討が重要である．自組織で導入したソフトウェアを変更するような場合，「どのように導入元の開発と同期するか」を決めていく必要がある．このとき，自組織で修正したような不良については，導入元の開発に反映できるようにしておきたい．

導入するソフトウェアが大規模になる場合，信頼性の高い部分とそうでない部分に分かれていることがある．品質計画時にこれらを把握しておくことで，その後にテストを行うときに，重点的にテストする部分とそうでない部分を分けることができる．この「信頼性のムラ」を見つける方法としては，過去の不良修正が多いソースコードをバグ管理システムから見つける方法や，ソースコードのサイクロマチック複雑度を静的解析ツールで摘出するような方法がある．

実際に使うのは導入ソフトウェア全体ではなく，その一部だけという場合があるが，この場合には，自組織で使っている部分と使っていない部分を明確に識別できるようにしておく必要がある．使っている部分は，開発過程で十分にテストされているが，そうでない部分はテストが不十分になりがちである．この識別ができていないと，将来的にテストの不十分な部分が誤って取り込まれて，大きな事故を発生させる危険性がある．

自組織で開発した機能は，できるだけ他組織のマスタに簡単にマージできる形式にするとよい．最近のGitなどの変更管理システムは，従来のバージョン

管理だけでなく，変更単位を取捨選択したり簡単にマージできる機能が豊富にある．これらのツールを活用することで他組織のマスタが変更されて，それを導入するときにも比較的簡単に自組織で作り込んだ機能を追加することができるようになる．

3.5 ▶ 品質の最終確認フェーズ

　品質について，理想的な状態は「計画された品質が計画されたスケジュールで作り込まれ，確認されること」である．しかし，作り込みや確認に漏れがあったり，市場や顧客が求める品質自体も変化していたりする可能性がある．また，組み込みソフトウェアのように，ソフトウェア開発時の環境とハードウェアも含めたシステムレベルの環境は異なる場合も多い．このため，開発の最終フェーズにおいて顧客の満足という原点に立ち戻って，「すべての品質に関する要求が満足されているか」を確認するフェーズが「品質の最終確認フェーズ」である．ここでいう「確認」とは，「開発側が"こういうつもりで作った"などと設計した仕様との比較」ではなく，あくまで「顧客の満足との比較」であることには注意しておきたい．

　本節では，まず，ソフトウェアの最終確認を行うための条件や事前に確認しておきたいことを説明した後に，実際の確認方法について解説する．

3.5.1　ソフトウェア品質探針

　品質の最終確認フェーズの前提条件は「製品を製作する立場から，開発，レビュー，テストなどがすべて終わっていること」である．したがって，品質の最終確認を行う前に，「開発されたソフトウェアが製品側の立場で十分にテストされているかどうか」を確認する必要がある．テストの各工程に対する検証（Verification）によって，「品質計画時に立てた品質目標が達成されているかどうか」といった各工程の作業に対する監査も重要になる．また，信頼度成長曲線などを使い，製品仕様に着目したテストでは不良が出なくなっているという

3.5 ● 品質の最終確認フェーズ

ことも確認できるとよいだろう．

　さらに，品質保証の観点からソフトウェアの妥当性確認用に用意したテスト項目のうち，一部を実施して，「品質の最終確認をするために必要な品質レベルにあるかどうか」をチェックすることも有効である．ここで，この一種のサンプリングテストをソフトウェア品質探針という[1]．

　「ソフトウェア品質探針」はあくまで，「ソフトウェアの妥当性確認をする前にその品質レベルを確認するための手段」であり，「妥当性確認を前の工程に前倒しして作業の効率化を図るような手段」ではない．したがって，「ソフトウェア品質探針を前倒ししすぎて，その後に開発したソフトウェア変更部分に起因する事故が発生してしまう」といった事態はないようにしたい．

3.5.2　ソフトウェアの妥当性確認（validation）

(1)　妥当性確認の対象

　このフェーズで重要なのは，確認する対象である．「ソフトウェア開発のための仕様書の記述どおりかどうか」を確認するのではなく，「完成したソフトウェアが顧客の明示的な要求および暗黙的な要求を満足しているか」を確認することが重要である．万一，ソフトウェアが顧客の要求どおりに実装されていない場合，たとえ実装のための仕様書に従ってできていたとしても，仕様書を変更し，ソフトウェアも修正する必要がある．このため，本フェーズでは，開発者自身がやるよりも独立した部署が実施するほうが効果的な場合が多い．

　ここで気をつけなければならないのは，開発当初に定義した要求と最終確認フェーズでの要求が異なる場合である．明示的な顧客要求にもとづいた機能要求の場合，開発途中でそれらの要求に変更があれば，要求管理の延長で明示的に最終的に確認すべき要求が特定できるだろう．しかし，暗黙的な非機能要求に関しては（それも本来，要求管理の対象ではあるが），今一度，その時点での要求をよく吟味して，最新の要求を基準にソフトウェアの妥当性を確認する必要がある．

(2) アジャイル開発における妥当性確認

「アジャイル開発では，各イテレーションでリリース品質を確保することが原則のため，最終確認フェーズを設けなくてもよい」という考え方は一理ある．現実に，インタネットを介したサービス提供のように，継続的に小規模の開発を繰り返して短い単位でリリースを繰り返すようなソフトウェア開発では，「最終」と名のつく段階すらない．しかし，多くのソフトウェア開発では，たとえアジャイル開発を採用していたとしても，最終的な品質確認は必要である．例えば，ソフトウェアパッケージや，組み込みソフトウェアの提供のように，多数の顧客にリリースした後にフィールドで事故が発生した場合，かかるコストと影響の度合いは非常に大きなものとなる．受託開発をするにしても，「開発プロジェクトが終了し，顧客にソフトウェアを納入してから問題が発生する」よりも，「プロジェクト存続中に問題を摘出しておく」ほうがコスト面でも開発組織に対する顧客からの信用の面でも優れているだろう．

このような場合，ソフトウェアのリリースの前に開発作業抜きの最終確認フェーズを設けたほうがよい．現実にアジャイル開発が普及している米国でも，ほとんどのソフトウェア開発プロジェクトで「リリーススプリント」「エンドゲーム」とよばれる特別なイテレーションを実施している．

(3) ソフトウェアテストとの関連

本フェーズで行う品質の最終確認はテストの一種であるが，開発中のテストとは観点が異なる．開発中のテストは，開発のために展開した外部品質要求や，それにもとづく仕様（書）に従ってソフトウェアが正しく作られたかどうかを確認している．一方，品質の最終確認は，利用時の品質要求に従って作られたソフトウェアが，顧客の環境で正しく利用できることを確認する．このなかには，もちろん製品の機能要求や非機能要求，特に使用性や性能効率性が顧客から見て満足のいくものであることの確認も含む．

品質の最終確認フェーズでのテストの詳細については，第6章「ソフトウェア品質保証を支える技術」で解説する．

3.5.3 プロジェクトレベルの振り返り

　組織的な品質保証の観点では，あるソフトウェア開発プロジェクトの終了は，開発したソフトウェアにとっても，ソフトウェア開発者にとっても，ソフトウェア開発組織にとっても，一つの通過点に過ぎない．ソフトウェアも人も組織も，多くの開発プロジェクトを介して成長できるように，一つの開発プロジェクトが終わったときには，そのプロジェクトのプロセスや製品という観点から総括する会議が必要である．このプロジェクトレベルの振り返り会議をポストモーテムという．

　アジャイル開発では，イテレーションごとに「レトロスペクティブ」という振り返り会議を開く．「レトロスペクティブ」は，アジャイル開発のチームがそのプロジェクトの中間段階で，作業の方法などを改善できる貴重な機会であるが，必ずしもそこでの気づきやプラクティスが組織全体に反映できるわけではない．

　ポストモーテムではプロジェクトの単位で「成功したこと」「失敗したこと」「今後改善できること」などを列挙する．これらをうまくまとめたうえで，その結果を製品の今後のプロジェクトや組織の仕掛けに反映していく．

3.6 ▶ ソフトウェア開発における品質保証活動のまとめ

　本章ではソフトウェア開発時の品質保証をソフトウェア開発のフェーズに従って解説してきた．大きな流れとしては，確保すべき品質を把握・定義し，どのように品質を作り込むかを計画し，その計画に従って品質を作り込み，最後に品質が確保されたことを確認するといった一連のフェーズである．この流れはウォーターフォール型開発，アジャイル開発であっても同様であるが，品質の計画および作り込みのフェーズでの施策は開発プロセスによって大きく異なる．

　ソフトウェア開発の各フェーズにおける品質保証活動を表3.14にまとめた．

表3.14 ソフトウェア開発プロセスモデルごとの品質保証活動

フェーズ	ウォーターフォール型開発	アジャイル開発
品質の把握, 定義 (3.3節)	● 市場／顧客の現状の満足度把握 ●「何が顧客満足につながるか？」のまとめ ● 重視するソフトウェア品質特性の決定 ● 主な技法は狩野モデル, FTA, FMEA	
品質の計画 (3.4節)	● 各工程で実行する品質施策の計画 ● 各工程の完了基準の策定	● 品質を作り込むイテレーションをリリース計画として実施 ● イテレーション完了基準の定義
品質の作り込み確認 (3.4節)	● 設計工程でのValidation視点のレビュー ● 各工程での品質施策の確認 ● 主な技法は設計レビュー, 静的解析, テスト	● 各イテレーションでのValidation ● 各イテレーションの技術的負債評価 ● 主な技法は静的解析, テスト, 技術的負債
品質の最終確認 (3.5節)	● 最初に定義した品質が達成されていることの確認	

開発者から見た品質, お客様から見た品質

　ある顧客から「ソフトウェアの品質について相談があるから来てほしい」との依頼を受けた. 当該の顧客を訪問する前に品質状況を調べると, 出荷したソフトウェア製品で事故を発生させていた. そのため, この製品の品質向上版を使ってもらう方向で, 当該顧客を訪問したところ, 顧客の相談内容は予想とは違い,「開発側ではノーマークだった他のソフトウェア製品のトラブル」だった.

　再度, 過去のトラブル内容を精査したところ, 確かに当該ソフトウェアに関する問合せは多かった. また, 問合せ内容のなかには突然停止や処理結果不正などといった顧客業務に重大な影響を与える事故も含まれていた. ところが, そういったインシデントの原因について, いずれも「ソフト

ウェア製品の不良ではなく，顧客側の設定誤りや操作誤りなどのユーザミスが原因」と判定されていたのである．その一方で，開発側で事故扱いになっていた故障には「確かに製品の不良が原因だが，顧客側業務への影響が軽微なもの」も含まれていた．

つまり，品質保証部門は，不良判定されたトラブルに対しては，顧客側業務への影響が小さくても迅速な修正や関連した品質見直しを十分行っていたにもかかわらず，その一方で，お客様が本当に困っているトラブルに対しては，たとえ顧客側業務への影響が大きくても「単なるユーザミス」として軽視していたのである．

品質保証部門が事故の重要度を量るとき，まず考慮すべきなのは利用時の品質である．「それを損ねる製品の外部品質特性が不良かどうか」(信頼性のなかの成熟性)だけの判断でなく，他の品質特性(この場合，使用性や信頼性のなかの可用性など)も考慮して製品の真の品質向上と，その先にある顧客満足を目指すようにしていきたい．

第3章の参考文献

[1] 保田勝通：『ソフトウェア品質保証の考え方と実際』，日科技連出版社，1995年
[2] 保田勝通，奈良隆正：『ソフトウェア品質保証入門』，日科技連出版社，2008年
[3] 誉田直美：『ソフトウェア品質会計』，日科技連出版社，2010年
[4] 岸政彦，石岡丈昇，丸山里美：『質的社会調査の方法』，有斐閣，2016年
[5] 佐藤郁哉：『質的データ分析法』，新曜社，2008年
[6] フィリップ・クルーシュテン(著)，藤井拓(監)：『ラショナル統一プロセス入門 第3版』，アスキー，2004年
[7] フレデリック・P・ブルックス，Jr.(著)，滝沢徹，牧野祐，富澤昇(訳)：『人月の神話』，丸善出版，2014年
[8] Ken Schwaber, Jeff Sutherland：「スクラムガイド(2016年7月)」(https://www.scrumguides.org/docs/scrumguide/v2016/2016-Scrum-Guide-Japanese.pdf)(アクセス日：2018/8/29)
[9] Kent Beck, Cynthia Andres(著)，角征典(訳)：『エクストリームプログラミン

グ』，オーム社，2015 年

[10] Scott W. Ambler：" *Has Agile Peaked?*"（http://www.ddj.com/architect/207600615?cid=Ambysoft）（アクセス日：2018/8/29）

[11] Dr. Dobb's Journal：" *Agile Adoption Rate Survey Results : February 2008*"（http://www.ambysoft.com/surveys/agileFebruary2008.html）（アクセス日：2018/8/29）

[12] 情報処理推進機構技術本部ソフトウェア高信頼化センター(監修)，情報処理推進機構(編著)：『ソフトウェア開発データ白書 2016-2017』，情報処理推進機構，2016 年

[13] 黒須正明：「利用時品質とその評価(IPA-SEC ソフトウェア高信頼化推進委員会利用時品質検討 WG 準備会資料)」(https://www.ipa.go.jp/files/000054772.pdf)（アクセス日：2018/8/29）

[14] 独立行政法人情報処理推進機構 技術本部 ソフトウェア高信頼化センター：「つながる世界の利用時の品質～IoT 時代の安全と使いやすさを実現する設計～」(https://www.ipa.go.jp/sec/reports/20170330.html)（アクセス日：2018/8/29）

[15] 河野哲也，TAN LIPTONG，岩本善行，白井明，居駒幹夫：「ユーザビリティ評価方法の実践的拡張および適用」(http://jasst.jp/symposium/jasst13tokyo/pdf/D2-1_paper.pdf)（アクセス日：2018/8/29）

[16] 髙山啓：「ソフトウェア製品開発における FTA による信頼性リスク分析」，ソフトウェア品質シンポジウム 2010

[17] 大原昇，横山陽一，谷田耕救：「基幹システム向けミドルソフトウェア開発プロセスにおける QFD 技法の適用」，『情報処理学会全国大会講演論文集』61 巻 1 号，2000 年

[18] SQuBOK 策定部会(編)：『ソフトウェア品質知識体系ガイド -SQuBOK Guide-（第 2 版）』，オーム社，2014 年

[19] 樽本徹也：『ユーザビリティエンジニアリング 第 2 版』，オーム社，2014 年

[20] F. ブッシュマン，H. ローネルト，M. スタル，R. ムニエ，P. ゾンメルラード（著），金澤典子，水野貴之，桜井麻里，関富登志，千葉寛之（訳）：『ソフトウェアアーキテクチャ』，近代科学社，2000 年

[21] 久保宏志(監修)：『富士通におけるソフトウェア品質保証の実際』，日科技連出版社，1989 年

第4章
フィールド品質保証とソフトウェアサポート

4.1 ▶ 本章の概要

　リリースしたソフトウェアを顧客が満足して使用できるようにサポートしていくことも重要な品質保証活動の一つである．この活動は従来，製品の故障やクレーム等の保守対応として実施されてきた．現代ではソフトウェアサポートサービスとして，これら保守対応に加えて，ちょっとした使い方の問合せからうまく活用するための情報提供をしたり，ソフトウェアに対する継続的な機能拡張や品質向上版提供までも含む活動となった．これらは，顧客満足度の維持向上およびソフトウェア提供側の継続的なビジネス安定を両立するための鍵となってきている．

　本章では，ソフトウェアサポートの基本となる故障やクレームなどの保守対応の活動を"フィールド品質保証"として組織的な仕組み，稼働品質管理，予防保守の方法などを解説する．その後，ソフトウェアサポートの動向や方向性，ITサービス化への対応について解説する．最後にソフトウェアサポート実施方法，ソフトウェア開発プロセスへのフィードバック方法などについて解説する．

　なお，本書では「フィールド品質保証」と「ソフトウェアサポート」という用語を以下のように使い分ける．

(a) フィールド品質保証
　フィールドに出荷した製品としてのソフトウェアに対するクレームや事故に

対応(従来型サポート)を指す.

(b) ソフトウェアサポート

フィールド品質保証に加え,ソフトウェアのライフサイクルにわたって顧客に対して価値を提供していく業務全体を指す.

4.2 ▶ フィールド品質保証活動

フィールド品質保証はソフトウェアの不良に起因する事故への対処や対策を指し,ソフトウェアサポートの最も基本となる活動である.これは,事故が発生したり,顧客が不便を感じたりするような事態に対応した顧客の満足を維持するための活動で,ソフトウェア開発時の品質保証活動でとりこぼした問題を拾い上げる活動ともいえる.

本節では,ソフトウェアの品質保証の観点から,「品質保証活動の各場面でどのようなところに注意が必要か」について解説する.

4.2.1 フィールド品質保証活動の概要

出荷されたソフトウェアが顧客先で使用されるとき,何らかの原因で顧客が異常だと感じて,連絡が来ることがある.異常と感じる原因には,ソフトウェアの不良に起因する事故の場合もあるが,そうでない場合も多くある.

本書では,こうした顧客が異常だと感じた事象を「インシデント」とよぶ.インシデントの原因はさまざまあり,事故の場合の原因は,

- ソフトウェア製品の問題
- ユーザの操作ミスに起因した問題
- ハードウェアとのインタフェースの問題
- ハードウェア自体の故障に起因した問題

など,その種類は多岐にわたる.また,「事故」でない場合でも,

- ソフトウェアに対する質問や不満

4.2 ● フィールド品質保証活動

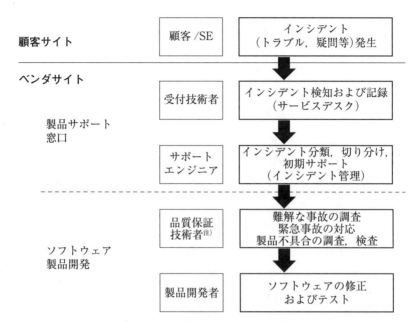

注) ソフトウェア開発組織によってはソフトウェア製品対応の品質保証技術者がいる場合もあるし,組織によっては品質保証技術者とは独立したサポート技術者が同様の業務を行う場合もある.

図 4.1 サポートサービスの業務体制および業務機能(例)

● マニュアルに対する質問や不満

などさまざまなものがある.これらのインシデントに対応したサポートサービスを実現するために,図 4.1 のような業務体制および業務機能が編成されている場合が多いだろう.

本書ではインシデントが発生したときの製品開発・提供側でのフィールド品質保証活動における注力点を業務機能ごとに説明する[1].

---

[1] 昨今では顧客と製品開発・提供(ベンダ)側でサービスレベルの契約(SLA)を結んでいる場合も多く,その場合には契約に沿ったサポートを実施する必要がある.しかし,本書では「契約にもとづいたサポートの有無についての判断基準」等について解説はせずに,サポートが必要という前提のもと,品質保証観点の業務機能を解説していく.

4.2.2　フィールド品質保証全体での考慮事項

(1)　顧客への影響を最重要視する

　フィールドからインシデントの連絡を受けた際，ソフトウェアを開発する立場だと「インシデントの原因は，自分たちのソフトウェアの不良なのかどうか」という点に意識が傾きがちである．

　しかし，ソフトウェア品質保証の立場では「原因が製品の不良か否か」に関係なく，顧客の立場に立って「顧客の業務にどのような影響が出ているのか」「どの程度緊急を要するのか」を第一に考える．

(2)　原因の究明よりも事態の回復や影響の拡大の回避を優先させる

　事故の原因を究明するよりも，まずは顧客の迷惑度を最小限にすることが優先される．ソフトウェア開発の立場だと，原因究明のために資料を採取したり，システムがダウンしている間に検証したい事項が多くある．

　しかし，インシデントが顧客に大きな損失や迷惑を与えている場合，たとえ原因究明が不十分になったとしても，資料の採取を諦めてダウンしているシステムの回復を優先して考える．

(3)　顧客情報の保全

　顧客とソフトウェアサポート側で情報の共有は必要である．しかし，個人情報や顧客の営業情報などが含まれている場合がある「顧客情報」は確実に保全されなければならない．そのため，顧客から入手する情報は事故解析のために必要最小限の情報にする．また，ソフトウェアサポート側に入った情報は，限定された場所で，限定された人のみがアクセスできるような仕掛けを構築しておく．

(4)　事実と推定を区別する

　フィールドでの事故の対応ではさまざまな情報が錯そうするのが常である．

その情報のなかには事実にもとづくものだけではなく，顧客や事故対応者の推定が混じっている場合も少なくない．一般に推定も有用な情報である．しかし，フィールドでの品質保証に際してはこれらの事実と推定を識別せずに使ってしまうと誤った推定がもとで事故解析が迷走する場合がある．このため，事実と推定は明確に区別して扱い，誤った結論が導かれないように注意する必要がある．

(5) 関連部署内で密接な連携をとる

　事故対策では，顧客とはもちろん，自組織や関連組織のさまざまな部署とも連携して対応することが多い．サポートデスク，サポート管理，製品ごとの開発部署，ハードウェアの開発製造部署を含む場合もあるだろう．また，事故が発生している顧客先にも情報システムを構築・保守するような部隊がいるかもしれない．

　これらの部署が連携してチームワークよく対応することが必要となる．特に，一つのベンダのなかにこれら複数の部署が存在する場合，顧客側の立場からすれば「まとめて一つのベンダだ」と感じられることを意識する必要がある．

(6) 顧客が適時に事故原因解析の最新状況を知ることができるようにする

　フィールドでの事故をベンダ側で解析する際，ベンダ側はできるだけ早く回答するように全力を尽くしているつもりでも，顧客側から見れば「何をやっているのかわからない」という状態がよくある．

　このような事象を避けるためには，顧客が適時に事故原因解析の最新状況を知ることができるようにする必要がある．顧客先にシステム構築や保守を請け負っている自組織のメンバー（いわゆる SE など）がいる場合には，これらの自組織内メンバーとも情報を共有し，顧客も含めて事故対策の状況が見える状態にしておく必要がある．

4.2.3　インシデントの受付

(1)　緊急度の判定

　顧客からインシデントの連絡を受けたときに，まず判断すべきことは「緊急に対処が必要な状況にあるか否か」である．緊急度によっては事故の原因に対策することよりも，事故でダウン状態にある顧客の情報システムをできるだけ早く回復することに注力する必要がある．

　ここで，「ソフトウェア製品としての事故の重要度」と「顧客で発生した事故の緊急度」は必ずしも一致しないことには留意が必要である．たとえ情報システムが全面的にダウンしても，顧客のテスト中に起きた場合と本番実行中に起きた場合とでは，重要度・緊急度ともに大きく異なる．したがって，インシデントを受け付けたときに，顧客にとっての重要度・緊急度のそれぞれについて，明確に把握するとよいだろう．

(2)　インシデントの識別

　ベンダがインシデントを検知する手段はいろいろとある．電話で受ける場合もあるし，メールで受ける場合もある．また，昨今ではベンダ側から顧客側システムに組み込んだ故障検知の仕掛けを使って自動的に事故を検知する場合もあるだろう．

　ここで重要となるのは，まず一つひとつのインシデントを他と混同しないように識別することである．また，そのインシデントを漏らしてはいけない．多くの場合，インシデントが発生した顧客の現場では混乱している場合が多い．2つのインシデントが1つとして報告されたり，インシデントとしてではなく単なる質問として重要な故障が報告されたりする場合もある．こういう状況だからこそ「同じインシデントは同じもの」「違うインシデントは違うもの」と厳密にインシデントを識別することを徹底させたい．

(3) 事実と推定の明確な区別

インシデントが発生するとさまざまな情報が行き交い，その量はときに膨大になる．このときに，4.2.2項でも解説したとおり，推定や思い込みの情報と事実にもとづく情報とをはっきり区別することが重要である．

4.2.4　インシデントの分類，切り分け，初期サポート

インシデントを分類する際には「顧客側へのインパクトの分類」「提供しているソフトウェアやハードウェアにおける問題の分類」が必要である．このなかで本来考慮すべきなのは，まず顧客側のインパクトの分類であり，その次に製品提供側の問題の分類である．例えば，ソフトウェアのメッセージ不良によって顧客がオペレーションを誤り，システムダウンしたような場合，「メッセージ不良」という分類にもとづいてその後の対応を判断すべきではなく，「システムダウン」という(製品の不良によって起こされた)事象のインパクトの分類で判断すべきであり，事故として緊急な対応が必要になる．このように顧客への業務影響度(緊急度)によって分類することが重要になる．

主なインシデントの分類について，顧客側から見たものおよび製品側から見たものについて表4.1，表4.2に示す．また，これらを総合的に判断して，表4.3のように4段階程度にインシデントの重要度を分類する．ここで，インシデントの重要度を設定するときに考慮すべき事項を二点示す．

まず，市場全体に対するインパクトで考慮することである．品質保証の観点から顧客側の視点をより重要視するのは当然だが，事故を発生させた顧客に大きなインパクトがなくても，同じソフトウェアを使っている他の顧客に大きなインパクトを与える問題へと発展する危険性の高い不良がある場合もある．したがって，ソフトウェアの市場における信頼性という観点で，そのソフトウェアの顧客全体へのインパクトも十分に考慮する必要がある．

次に，製品の不良でない場合の考え方である．顧客の業務としては重要度A，B相当であるが，製品側の分類では，製品側の問題ではなく，ユーザの操作ミスまたは仕様どおりという場合もある．この場合を非不良故障とよぶ．例

表 4.1 顧客側から見たインシデントの分類（例）

#	大分類	中分類	説明
1	動機	インシデント種類	事故，改善要望，質問
2	業務への影響度	停止の範囲	全面停止，部分停止，縮退運転など
		本番か否か	本番業務，本番前テスト，開発中など
		ユーザ資産	データ保全，バックアップの有無など
3	緊急度	現在の状態	稼働中，ダウン中，事故頻発，回避済みなど
		許容ダウン時間	即時立ち上げ要，決められた時間未満，即日
		その他	ウィルスなどで拡散の危険性の有無
4	その他	社会的な影響の有無	報道あり．生命，身体への危険有無や経済的影響の大きさ
		当該顧客の状況	「過去に迷惑をかけている」といった他製品も含めた顧客からベンダまでの関係

表 4.2 製品側から見たインシデントの分類（例）

#	大分類	大分類のなかの分類例
1	プログラム不良	異常終了，結果不正，起動不可，データ破壊，データ精度不良，ハングアップ，スローダウンなど
2	ドキュメント不良	記述不足，記述の誤り，記述の不親切など
3	導入ソフトウェア不良	導入ソフトウェア名＋バージョンなど
4	ハードウェア不良	自社提供ハードウェア製品＋型式など
5	要求不満足	「あるべき機能がない」「メッセージが不適切」「使用性，性能効率性，信頼性，機能適合性が顧客要求を満たさない」など
6	ユーザのミス	操作ミス，パラメータなどの誤指定，環境不正など
7	他社製品不良	他社から提供された製品，サービスの不良など

表 4.3　インシデントの重要度（例）

重要度	大↑↓小	A：顧客業務が全面停止
		B：顧客業務が部分停止
		C：システム再実行で業務続行可能，代替手段あり
		D：使用方法の問合せ相当

えば，顧客側の操作ミスでデータを破壊してしまったり，高負荷時にソフトウェアの設計どおりにタイムアウトして業務が実行できなかったりするような場合である．

非不良故障の多くは，提供したソフトウェアの信頼性の問題ではなく，使用性や性能の問題である．そのため，まずは提供したソフトウェアを使って，インシデントの観点から重要度の設定をして製品改善に役立てるようにしたい．お客様がなくしたいのは，（原因が製品不良かユーザミスかに関係なく）システムが期待どおりに動作しないことであり，非不良故障すなわち製品側から見れば仕様どおりであっても，重要度の高いものは優先的に対策を検討することで，製品の価値が向上し，顧客満足が得られる．

4.2.5　緊急を要する事故の初期対応

繰り返しになるが発生しているインシデントが事故の場合には，まず顧客が不満足に感じている状態を最小限にすることを最重要視すべきである．初期対応では，「今ダウンしているシステムを回復すること」「再び同じ故障が発生しないことを目指す回避策を模索すること」」が重要になる．例えば，顧客の情報システムが何らかの原因で停止している場合，当該の情報システムが提供しているサービスを何らかの手段で立ち上げることを第一に考えなければならない．

また，事故の重要度・緊急度をできるだけ早く把握する必要がある．例えば，同一の故障が複数の顧客で同時に発生したような場合には「他の顧客でも発生する可能性が高い」と考えたうえで，緊急度を上げて対応する必要がある．

重要度・緊急度によっては，品質保証の担当者または設計担当の開発者を大

事故の発生している現地に派遣することもある．この際に，開発側の技術者が製品側の論理で対応すると，緊急を要する事故の初期対応を誤ることにつながりかねない．「開発側の技術者も顧客側の観点で対応するように日頃から意識づけをしておく」「顧客またはソフトウェアやシステムをサポートしている保守担当の技術者と密接に連携すること」などが必要不可欠である．

4.2.6 難解な事故原因の調査

　多くのインシデントは，サポート部隊による初期解析で解決可能であるが，簡単に解決しないインシデントもある．例えば，資料が不十分な場合，これまでに発生していない事故の場合，複数のソフトウェアの連携時，バイナリしかない他社製品の問題などである．

　大規模システムの事故の場合には，多くの大規模ソフトウェアがその事故に関連している場合もある．この場合，品質保証部署および関連するソフトウェアの開発部署が連携し，それらのソフトウェアを熟知した技術者を集めて，事故原因の究明を行う必要がある．

　本項では，以上のように難解な事故調査で必要な手順や重要なポイントを解説する．

(1) 事前準備

(a) 調査資料の情報保全

　事故の調査では，システムのログやコア情報など，顧客の機密情報が含まれる資料を参照する場合がある．そのため，セキュアな事故調査のためには，物理的な施錠手段があり，かつ，入退室を管理できる会議場所(拠点)を確保することが必要である．

(b) 調査技術者の招集

　さらに難解な事故の調査では，関連するソフトウェアの開発者や品質保証の技術者を招集する必要もある．このとき重要になるのは，最初に関連する可能

性のある製品についてよく知る技術者を可能な限り全員，拠点に集めておくことである．そして，調査の進捗に応じて，問題ないことが明確になった製品にかかわる技術者を拠点から退出させる．このような一見ムダの多いアプローチをとるのは，難解な事故は調査をしているうちに影響が想定よりも大きいことがわかる場合がしばしばあったり，「原因に関係がないと思われていたソフトウェアに中心的な問題が潜んでいた」という場合もあるからである．こういった事例で一見効率的なアプローチ（最小人数で解析を始め，必要に応じて他の技術者を招集する）を採用してしまうと議論が二転三転し，結果的に対応が遅れて，より深刻な結果を招く危険性が高くなる．まずは最悪のケースを想定することで，初動を誤らないようにしたい．

(c) 関連有識者の招集

このとき拠点に招集するのは基本的には技術者である．しかし，当該ソフトウェアに関連する技術者のみで必ずしも問題を解決できるわけではない．そのため，該当する技術者でなくても，「さまざまな情報を咀嚼し，何が起きているのかをシステム的に理解したうえで，問題の絞り込みをできるような高度な技術をもつ人材」を招集できたなら，解決に要する時間が短縮化できるだろう．

(2) 事故に関連する情報の確認

事故が発生したハードウェア，ネットワーク，ソフトウェア環境およびそれらの設定を正確に把握する．このような静的な構成情報に加えて，「事故発生時に，どのような操作をしたのか．あるいは，ソフトウェアの実行をしたのか」といった動的な情報を事実にもとづいてヒアリングする．

事故発生時には，多くの場合に情報が錯そうするため，まずはシステム設計図やソフトウェアの構成パラメータなどの静的な情報や，操作ログやトレース情報などの動的な情報から事実にもとづいた確認を行うほうがよい．

(3) 問題の絞り込み

関係者が全員出席したうえで，「事故の現場で何が起きているのか」についてプロジェクタやホワイトボードなどを使ってトレースして問題の絞り込みを行う．多くの場合，シーケンス図を使って，「事故に関連する人，ハードウェア，各ソフトウェアがどのような順番で，どのように操作やデータが流れていくのか」を記入していく．

ここで，「本来，どのような設計になっているか」を確認して，現実の結果を順々につき合わせていくことで，「どこで設計意図と異なった現実の結果が出ているのか」を特定し，事故の原因を絞り込んでいく．入手できる情報が限られているような場合，問題の特定に時間がかかることもあることに注意しながら，必要に応じて，机上（設計書やソースコード）調査だけでなく実システムでも動作させて検証しながら調査を進めていく．

(4) 特定した要因について事故原因かどうかの確認

原因を絞り込み，同一の事故現象を発生させる要因（不良や設定などの環境条件）を見つけられても，「これで解決した」と単純に思い込んでしまうと事故対策に失敗する危険性がある．「本当にその要因が実際に顧客の現場で事故を発生させているのかどうか」を今一度確認する必要がある．特に，複数の大規模ソフトウェア間のインタフェースに問題があるような場合には，類似の要因が複数あるため，一部の要因を対策しただけでは，事故を起こした顧客の対策にならない場合がある．

このような事故対策の失敗が起こらないように，顧客の使用環境や操作の条件を何度も確認するとともに，「検出した要因に類似したものが他にないか」についてもチェックすることが必要である．

4.2.7 ソフトウェアの修正，テスト

事故を発生させた要因が不良の場合，修正・テスト・確認はできるだけ早く行う必要があるが，品質保証のためには，慎重かつ確実に実施する必要がある．

なぜなら，事故対策の失敗や修正による他の機能のデグレード事故は，顧客に与える心象が非常に悪く，事故を起こしたソフトウェアのみならず，組織としての信頼を失う結果になるからである．

前項で説明したとおり，意図した不良対策が当該顧客で発生している事故に確実に対応していることを確認するとともに，現在，当該顧客で通常に動作している業務に対して問題が発生しないことも含めて確認が必要である．このために，修正前の事故再現テストおよび修正後の確認テストを必ず実施するとともに，デグレードがないことを含めて関連する機能をテストすることが必要である．

4.2.8 事故原因となった不良の分析

事故の原因となった不良の分析も基本的にテスト工程での分析（3.4.3項(2)，3.4.5項(3)）と同様の分析ができる．ただし，ここでは世の中に合格品として出荷した後に顕在化した見逃し不良なので，より厳密な原因分析と対策・再発防止が求められる．例えば，出荷して，すぐに顕在化するような不良は，顧客によってはソフトウェア開発組織の品質保証に疑いを抱かせるような事故となるため，早急に対策するのはもちろん，「なぜ市場に流出させてしまったか」「顧客の使い方の理解が不足していなかったか」などについて深く分析する必要がある．

事故原因となった「不良の作り込み原因」「出荷前に摘出できなかった原因」を深掘りすることで，「開発プロセスへの反映」「開発関連者の品質意識の向上」，さらには「品質を重視する企業風土の醸成」を目指していく．これらの組織的な取組みについては，第5章で解説する．

難しい条件でのみ顕在化する摘出困難な不良が顧客先でなぜすぐに顕在化？

製品出荷後，お客先ですぐに顕在化した不良について分析した．開発者

の分析は,「かなり複雑な条件が重なり,さらにあるタイミングでのみ顕在化する不良で,事前の社内テストでの摘出は困難で,再発防止は条件設定シートやタイミングチャートを駆使して机上で摘出するしか方法がない」というものであった.しかし,開発者のいう複雑な条件は,このお客様の環境にインストールして通常業務をするだけで当てはまり,すぐに発生したものである.これは,お客様の環境や使い方を理解していれば,テストで顕在化できるものであった.

本件のようなケースは「出荷前,フィールドでの顧客の環境や顧客の通常業務において"どのように対象ソフトウェアが動作するか"がテストされていなかった」点に問題がある.よって,再発防止策として顧客の環境情報を集めたり,利用顧客のトレース情報などを日頃から分析し,これをもとに必要な検証を行った後,事前にテストできるような仕組みを構築することなどが考えられる.

とはいえ,顧客の使い方を詳細まで正確に把握するのは困難であり,品質保証上の永遠の課題でもある.それでもあきらめずに顧客使用条件でのテストをあらゆるアイデアや技術を駆使して挑戦するのが品質保証の醍醐味といえないだろうか.

4.2.9 予防保守

既知のソフトウェアの不良による事故がフィールドで発生しないように処置することを予防保守とよぶ.

予防保守の一般的な機会は,「開発中に摘出した不良を含むソフトウェアがフィールドにすでに出ている場合」および「ある顧客で発生した事故と同一の事故が他の顧客で発生する可能性がある場合」である.昨今では,さらに「ソフトウェアが導入しているオープンソースのライブラリなどで,セキュリティに関する問題(セキュリティインシデント)が広報され,それに対応する場合」も予防保守の機会となる.

予防保守で理想的なのは「顧客が全く意識しなくても常に最新で品質の良い改良版が組み込まれること」である．ソフトウェアの種類によってはそのような予防保守が技術的に可能なものもある．しかし，現実には顧客が開発したソフトウェアに出荷したソフトウェアが取り込まれていたり，対策後に情報システムの再立ち上げが必要だったりして，顧客側のアクションが必要な場合がほとんどである．このため，改良版を組み込むために「ソフトウェアのサポート側で何らかの通知を顧客に行い，改良版の組み込み自体を顧客側の判断に委ねる」といった手順が一般的である．

　改良版を配布するための通知手段としては，サポート契約をした顧客専用のWebページを設けたり，電子メールなどで情報をプッシュ配信したりする方法がある．特に4.2.4項で示した重要度Aの事故や，同じ不良による事故が複数の顧客で発生しているような場合，事故を起こした顧客以外の顧客にも，その事故を引き起こしたソフトウェアの改良版の存在をプッシュ的に通知する．ただし，真に重要なリコール相当の不良の場合には，すべての顧客に確実に連絡して，入替えをしてもらえるような管理を行う．

　既知の不良を顧客に連絡するときに，ソフトウェア品質保証の立場から不良内容を正確に顧客に通知するだけでは不十分である．なぜなら，顧客に知らせるべきなのは不良の内容そのものではなく，その不良が事故を引き起こしたときの顧客情報システムへのインパクトであるからである．この部分を十分に顧客に伝えることによって，顧客側の判断ミスで予防保守が失敗する可能性を最小限にすることができる．

4.3 ▶ ソフトウェアサポートの動向

　フィールドでのソフトウェアに起因する事故への対処や対策はサポートサービスの基本的な活動であるが，現代のソフトウェアサポートの業務範囲はますます広がってきている．

　昨今のソフトウェアサポートの動向を表4.4にまとめた．本節では，これら

表4.4 ソフトウェアサポートの主な動向一覧

分類	過去のソフトウェアサポート	今後のサポートの方向(差分)
サポートのビジネス化	ソフトウェア販売に付随的なビジネス	ソフトウェアのサービス化に伴うサポート主体のビジネス
	問合せに対応した限定的なサポート	予防保守，計画的な機能追加のサポート
サポート対象の拡大	個別の製品	顧客の環境(ソフトウェアおよびハードウェアを含めたシステム)に合わせた問合せ対応や情報提供
	自分で開発したソフトウェアを対象	オープンソースや他社開発ソフトウェアも対象
ITサービス対応	ソフトウェアそのもののサポート	ITサービスとしてのサービス提供もサポート
サポート期間の拡大	サポートの期間は比較的短期	長期間にわたるサポート
	保証の終了期限があいまい	サービス停止(End of Life)の明確化
新しいサポート	完成品に対するオンデマンドの不良，クレーム対策	継続的サポートによる新しい機能，品質向上
	－	データの保全，セキュリティ
	－	セキュリティ関連の予防保守

の動向について解説する．

4.3.1　ソフトウェアサポートサービスのビジネス化

　ソフトウェアのサポートはかつて「ソフトウェアの不良対策，クレーム，質問を対象に，パッケージ提供または開発したソフトウェアを納入したときの契約に従ってサポートする」というビジネス形態だった．

　しかし，昨今のソフトウェアサポートは，独立した期間契約プランを用意してサポートサービス用の契約を結ぶことで，不良やクレームへの対応だけでなく予防保守や計画的な機能改善なども含めた包括的なサービスを行う形態が主

流になりつつある．

今後あるべきソフトウェアサポートを行うための考慮事項について，以下，解説する．

(1) 契約にもとづいたサービスレベルの保証

サポートサービスそのものをビジネス化にするに当たり，契約すなわち，サービスの対象，レベル，期間のそれぞれについて事前に顧客と合意する必要がある．このため，サポートサービスを提供する側で，合意された条件を遵守するための体制や環境を整備しておく．

例えば，開発側のスケジュールの都合で休日，深夜などの特定の日時にサポートができなかったり，開発側の負荷でクレームに対する回答が遅れたりすることは許されない．このようなことがないように契約条件を遵守できるよう，人材を含めた各種リソースを(リスクも考慮して)割り当てておく必要がある．

(2) 顧客それぞれに対応したサポートサービス

サポートサービスに対する顧客の期待は，個々の顧客，個々のソフトウェアによって異なる．「不良の内容を定期的に報告してくれるだけでよい」という顧客もいるだろうし，ソフトウェアの種類や顧客の事情によって，365日，24時間の監視を必要とする場合もあるだろう．その一方で，個々の顧客や個々のソフトウェア対応について，毎回細かなサポートの条件を折衝するのは，顧客側にとってもベンダ側にとっても負荷が大きい．

このため，あるソフトウェアのサポートサービスを企画するときには，「そのソフトウェアのサポートとして，顧客からどのようなサービスが期待されているのか」をよく把握し，それに沿ったサポートサービスのメニューを事前にそろえる必要がある．このなかで当初提供しているメニューでは対応できないような顧客も想定される場合があるため，柔軟にメニューのカスタマイズをしたり，必要に応じて新しいメニューをそろえるなどの対応が必要になってくる．

ただし，このときに多様な顧客ニーズに対応したサポートサービスのメニュ

ーを乱立させると，顧客側からは「どのメニューを選んでよいかよくわからない」という不満につながる場合がある．また，顧客が(暗に)期待しているサポートのレベルよりも格段に違うレベルの場合，たとえ上のレベルであっても拒否されることがある．

このため，顧客の期待を事前に知ることが必要である．また，顧客のもつ情報システムに適したサポートを容易に選択できるようにメニューはできるだけシンプルにして，そのなかから最適なメニューを選択できるようにするとよいだろう．

4.3.2　サポートサービス対象の拡大

フィールド品質保証の立場では，従来のソフトウェアサポートの対象は完成品としてのソフトウェアで，もし不備があった場合にサポートするというのが基本的な考え方だった．このようにかつてのサポート単位は「ソフトウェアの製品ごと」であったが，昨今では複数の製品や顧客の情報システム全体に対応した包括的なソフトウェア・ハードウェアサポートが増えてきている．そのため，サポート対象のソフトウェアのなかに自組織で開発していないソフトウェアも増えてきている．

例えば，ソフトウェアを出荷するとき，たとえ自社で開発したソフトウェアであっても，そのなかにオープンソース由来のライブラリが同梱されている場合がある．顧客の立場では，サポートが保証されていないオープンソースや国内でのサポートが不十分なソフトウェアに対しても，従来のサポートと同様の品質でサポートを受けることを期待している．この結果，「ほぼオープンソースのみのソフトウェアに対してサポートを行う」というビジネスもある．

ソフトウェアサポートを実施する場合，ハードウェアや自社開発をしていないソフトウェアに対してサポートする場合，注意が必要である．ハードウェアのサポート体制は一般にソフトウェアよりも組織化されており，最近では著名パッケージやオープンソースにも高い技術のサポートを行うことができるベンダが増えている．そのため，現実的なサポートの仕方として，そのような組織

(自社の他部門や他社)とうまく連携することも考えたい．ただし，このように他組織と連携する場合であっても，顧客から見たときに一体的なサポートに見える必要があるのは当然である．

4.3.3 IT サービス化への対応

ソフトウェアの IT サービス化も昨今の大きな潮流である．個別の顧客にソフトウェアを出荷するのではなく，クラウドで動作するソフトウェアについて，不特定多数の顧客へテナントサービスを提供するような形態も多くなってきた．そのため，IT サービスを利用している顧客に対するサポートも必要になってきている．

本項では，品質保証の立場から「IT サービスのサービス品質を保証する方法」「IT サービスに対する継続的な顧客満足を実現する方法」について解説する．

(1) IT サービスにおけるサービス品質保証

ソフトウェア製品や受注ソフトウェアを含む情報システムの開発では，開発が完了して納入するときの品質を確保することが品質保証の第一の目的となる．これに対して，IT サービスにおいては開発完了時ではなく，サービスをリリースして顧客がサービスを使い続ける間，常に高品質なサービスを提供することが品質保証の目的になる．このため，対応する品質マネジメント項目も情報システム開発とサービスでは異なってくる．一般に IT サービスでは，サービスレベル契約(Service Level Agreement：SLA)のなかで，契約として品質レベルも明示することが多い．SLA に示されたサービスレベルが守れるように，サービス提供側で SLM(Service Level Management)項目として目標を定めてマネジメントする．ここでのマネジメント対象としては，表 4.5 の可用性，性能効率性，情報セキュリティ，サービス継続性などを考慮するとよいだろう．

これらのマネジメント項目に対応して，IT サービスのサポートに関しては，サービス品質を常に意識して SLM で提示した以上の品質を実現できるように

表 4.5　SLA の主なマネジメント対象

マネジメント対象	説明
可用性	稼働率や故障復旧時間などについて，状況監視するとともに，「あらかじめ決めたサービスレベルが守れる設計になっているか」「実際にできているか」をマネジメントする．
性能効率性	「顧客の利用に耐えるリソースになっているか」「レスポンスタイム，スループット，メモリ使用量，ディスク使用量などは適切か」をマネジメントする．
情報セキュリティ	「日々明らかになる脆弱性への対応ができているか」「不正アクセスを受けていないか」をマネジメントする．
サービス継続性	「災害時などにサービスを復旧させ影響を最小限にする仕組みができているか」をマネジメントする．

サポートプロセスやツールなどを整備する．また，ソフトウェアサポートを提供する側の体制も，従来のソフトウェア製品ごとのサポート体制ではなく，ハードウェア，オープンソース，サービスなども含めた製品横断的なサポート体制が必要になってきている．また，「クラウドベースで不特定の顧客に IT サービスを提供している」「システムの基幹的な部分(ハードウェアやオペレーションシステムや基盤ミドルウェア)にトラブルがあった」という場合には，複数の顧客に対して同時にサポートをする必要も出てくる．そのため，あらかじめこうした問題を想定して，それに対応できるように事故時の対応プロセスを決めておくようにする．

(2)　IT サービスにおける顧客の"事前期待"の変化への対応

　ソフトウェア製品や受注ソフトウェアを含む IT システムの開発では，納入時点での品質を高めることに注力してきた．一方，一般にサービスにおける品質は顧客の「事前期待」との差で決まるといわれている．IT サービスであってもこれは同様で，いったんサービス利用の契約をもらっても，だんだん上昇する顧客の「事前期待」に応え続けられなければ，飽きられて解約されてしま

うだろう．すなわち，顧客の「事前期待」を超えるようにサービスのレベルを継続的に上げていかなければ，顧客満足，すなわちITサービスの品質は保てない．

これは狩野モデルで説明されている魅力品質が当たり前品質に変質していくことを示しており，何らかの品質指標として形を整えてマネジメントしていくことが必要になる．基本的には顧客のサービス利用の満足度を指標として測ることになる．例えば，顧客がサービスを有効利用している時間の長さを測ったり，サービスを利用してもらうことによる顧客の利益(コスト削減など)を顧客との協創指標として測ったりする．このような活動を通じて，提供するサービスや商品をより適切なものにして顧客に届けるようにしていきたい．

システムに利用ログ機能などを仕込んでおいて，顧客がよく利用する部分を分析し，より良いサービスを提供するための情報として活用するのもよいだろう．

製品出荷後の価値向上に向けた品質保証活動

　狩野モデルにあるように，出荷当初は画期的な製品であってもその魅力はだんだん薄れてきて(すなわち顧客期待度が上がって)あきられてしまう．そのために，製品出荷後もソフトウェアのアップデートや製品の利用者同士のコミュニティ・ユーザ会などの場で製品活用情報の提供をし合うことで，製品の魅力を維持向上させるなどの各種「製品出荷後の価値向上活動」が行われることがある．過去からもこのような製品の陳腐化を避けるために，小さなところでは保守開発や，製品バージョンアップなどの機能エンハンス，拡張などの活動を行ってきているが近年これらをスピーディに実施しないと，製品の陳腐化が極めて早く進むようになった．

　製品の陳腐化，すなわち製品の「広義の品質」が劣化していると考えれば，品質保証の立場で考慮していくことが多くある．従来からあるコードの保守性を上げて，機能拡張しやすい構造になっているかなどのアーキテクチャ面での考慮は実施してきたが，ソフトウェアのアップデートの配布

方法から，アップデートの簡便さなども含めて品質保証の対象と考えたい．また，ユーザコミュニティを含めた製品の魅力を上げるような活動すべてが品質保証の対象と考えることができるのではないだろうか．

繰り返しになるが，出荷後の製品アップデートの善し悪しこそが製品の継続性を左右する重要な品質要因となるため，利用状況や製品サポート窓口あるいはコミュニティでの評価情報も積極的に入手して，次のアップデートにフィードバックさせていく活動を品質保証活動として積極的に進めていきたい．

製品出荷後の価値向上が前提になってきている現状では，出荷時点がゴールではなく，ライフサイクルを含めたトータルでの品質保証計画が重要になってきているといえよう．

〈出荷後の製品価値維持・向上のための活動(例)〉
- ソフトウェアアップデート
  特に，利用者の意見を反映した製品改善，機能アップなど
- 有効な活用事例のPR
- ユーザコミュニティの立ち上げ

〈出荷後の製品価値維持・向上を考慮した品質保証の観点(例)〉
- 修正変更しやすい製品アーキテクチャ
- 頻繁な修正・変更でのデグレード防止方法(テストカバレッジ，自動リグレッションテストなど)
- アップデート方法(配布方法，インストール方法など)の改善
- 製品活用情報提供施策
- 継続的な利用ユーザからのフィードバック方法

4.3.4　サポートサービス期間の拡大

　前世紀のソフトウェアは，動作するハードウェアや OS といったプラットフォームの変化にともない，現在と比較すれば短期間で寿命が尽きていた．そのため，過去のサポートは完成されたソフトウェアで不良が顕在化したときの対応が主であった．その一方で，現代ではソフトウェアが長期間かつ継続的に（機能適合性を含めた）品質向上がなされていくことを前提にサポートするという形態である．さらに，後継製品がないようなソフトウェアの場合には，フィールドでの使用が終わるまでの 10 年や 20 年という単位でソフトウェアのサポートが必要な場合も出てきた．つまり，サポートをする側にとっては，当該ソフトウェアの開発者やサポート経験の豊富な技術者がその技術者生命を終えても，サポートを継続していく必要が出てきているのである．

　このようなソフトウェアサポートの長期化に対しては，サポート技術の伝承の仕掛けの確立と，サポート期間に対するポリシーの明確化が必要である．

　サポート技術の伝承については，仕様書やサポート対応履歴などの過去の膨大な技術文書類や特定の技術者のみが知っている暗黙的な知識を，必要とする人がすぐに取り出せる形式的な形にしておく必要がある．テキストマイニングや音声認識を使って分析をするような活動が実用化されてきており，今後は，暗黙的な知識の形式化の方法として，人による文書化だけでなく，既存資料やソースコードを用いた機械的な手段による形式化も必要になるだろう．

　そして，もう一つ重要になるのはソフトウェア製品の出口戦略である．暗黙的に長期間サポートを続けることが，顧客とソフトウェアベンダの両方にとって不利益になる場合も多い．ソフトウェアの継続的な開発期間やそのサポート期間の最長値，すなわちソフトウェアの寿命を 10 年，20 年という単位で定義するということも考慮が必要であろう．その場合でも，ソフトウェアサポート期間に対するポリシーや期間をよく検討し，事前に顧客への周知を行い，そのポリシーおよび契約に従って，ソフトウェア製品のサービスの終了を計画的に行う必要がある．

4.3.5 新しい形のソフトウェアサポート

昨今では，顧客が認識した問題に対する回答，または解決という従来のサポートの型から大きく踏み出したようなサポートサービスが登場している．本項では，二つの新しい形のサポートと，サポート部署の対応を記述する．

(1) 継続的な機能追加を前提とした開発およびサポートのサイクル

最初は小規模の機能やスケーラビリティでの製品を出荷し，そこから継続的にサポートサービスの仕掛けを使って機能を段階的に拡充していき，顧客の事業拡大を(間接的にではあるが)サポートするようなサービスである．

このようなサービスの場合，従来以上にソフトウェア開発部署，品質保証部署，サポート部署で密接な連携を行い，フィールドを起点とした利用時の品質の課題抽出，新機能，品質向上の企画，開発，提供というサイクルを繰り返していく必要がある．

(2) インタネットベースの稼働管理，予防保守，品質向上

インタネットの仕掛けを使い，さまざまな顧客情報を適切な手段で収集することができる．インタネットベースのサービスだけでなく通常のオンプレミスの情報システムに対しても，(従来は特定の顧客のみが利用していた)遠隔的なサポートを多くの顧客が利用できるようになってきた．

サポート品質という観点では，顧客の構成情報，稼働情報，使用履歴などから，ソフトウェア製品で事故やクレームが発生した際に，俊敏な状況把握や解決が期待できるようになってきている．また，ある顧客のもとで事故が発生したとき，発生条件に該当する顧客を瞬時に抽出することも可能になる．さらに，事故は発生していなくても，リソースの使用状況からトラブルに発生する危険性の高い顧客を抽出し，事故を未然に防止することもできる．

ソフトウェア品質という観点でもこれらの情報は重要である．これらの情報は，顧客がソフトウェアを利用した結果(生のデータ)であり，それが開発側で

想定していた情報と同じであるかどうかを確認することで，製品機能やテスト方法を改善するなど，開発プロセスへのフィードバックが可能になる．

　サポート品質向上にしても，ソフトウェア品質向上にしても，これらの顧客情報は，収集することに意味があるのではなく，活用することに意味があるものである．

4.4 ▶ 組織的なソフトウェアサポート管理

　複数のソフトウェアをもつソフトウェア開発組織全体でフィールドにおけるソフトウェアの稼働状況を管理し，ソフトウェア開発組織レベルの品質向上を目指す活動を記述する．

4.4.1 フィールドでの稼働管理

　ソフトウェアの稼働の管理とは，言い換えるとフィールドにおける当該ソフトウェアの利用時の品質の管理である．そのためには，まず顧客の立場に立って，提供しているソフトウェアや開発組織の立場から稼働指標の設定，収集，分析などの管理を行う必要がある．

　ここで，表 4.6 に顧客の観点からのフィールド稼働の指標（例）を示す．

　表 4.6 のような稼働データは，ソフトウェア開発組織全体の大局的な品質の傾向を掴むには最適であるものの，「個別の顧客に対応した稼働管理および組織の重点的な目標に沿ったフィールドの稼働管理ができているかどうか」を見るのには十分とはいえない．そのため，以下に顧客や事故を管理する観点からの考慮事項を説明する．なお，事故の情報を開発にフィードバックする取組みは本節ではなく 4.5 節で解説する．

(1) 重点監視顧客の設定

　顧客が多数であるとき，特に重点的に監視する顧客を設けてそこでの稼働品質を精査する．ここで，重点的に監視すべき顧客とは，例えば，自組織の複数

表 4.6 顧客の観点からのフィールド稼働指標(例)

分類	指標	説明
事故件数	全体件数・期間	期間当たりの事故件数．主要顧客や，開発側組織全体および，主要ソフトウェア，主要部署ごとにもまとめる．
	重要度別件数／期間	重要度(表 4.3)ごとの事故の件数．実際の顧客迷惑度，不良の致命度を分けて管理したほうがベターである．
事故率	事故件数／稼働サイト数・期間	稼働しているサイト数も考慮する．
不稼働率	総ダウン時間／稼働サイト数・期間	実際にダウンした時間を考慮する．
初期事故率	納入後間もなく(1年以内など)発生	稼働後すぐに発生するようなお客様の心象悪化につながる事故を管理する．

のソフトウェアを活用している大口の顧客や，過去に大きな事故によって迷惑をかけた顧客，さらには特定のソフトウェアのモデルとなるような顧客である．こうした重点監視顧客において，その稼働品質を入念にウォッチし，開発組織およびソフトウェアの信頼を確保することは，その他の顧客に対して将来的により良い品質の製品・サービスを提供するためにも重要である．

　重点監視の対象になった顧客に対しては，顧客側から見て開発側の代表となる人間(アカウントマネージャー[2])を割り当てて，ソフトウェア製品という立場ではなく，開発組織の代表として顧客との信頼関係を築くとよい．顧客のサイトに情報システムの構築・保守を請け負っている技術者(SEなど)がいる場合には，これらの技術者との信頼関係の構築も重要となる．

　万一，事故が発生したときには，アカウントマネージャーを中心に，ソフトウェア製品横断的に対応して組織としての信頼を損なわないようにする．

---

2) アカウントマネージャーは，高度サポートサービスとして別途，顧客と契約を結んで割り当てる．

(2) 重点管理事故の設定

さまざまな事故のなかでも，特に開発組織の信頼を損ねるような事故は重点的に管理する必要がある．このとき，大きく「顧客から見て迷惑度の高い事故」「開発組織への信頼を逸するような事故」に分類する．表4.7がその例である．

表4.7 重点管理事故（例）

分類	事故種類	詳細
迷惑度大	結果不正	顧客資産の棄損，金額不正など
	データ破壊	顧客データの損失
	長時間ダウン	公共性の高い情報システムの長時間ダウン
	人命けが	人命やけがにかかわるような事故
信頼損失	デグレード	顧客が活用していた機能の損失
	事故対策失敗	事故対策したにもかかわらず再発
	初期不良	納入直後の事故

(3) 事故ゼロ件目標

事故件数の目標は原則的にゼロ件である．しかし，大規模ソフトウェアの開発組織になると，事故を撲滅することが難しくなってくる．そのような組織で全体の件数の多寡や傾向のみを基準に組織の品質を計測しようとすると，本来，顧客およびその組織がなくしたい事故の件数が他の事故の件数に隠れてしまう危険性がある．

このために，組織の目標に沿った「ゼロ件にしたい種類の事故」を設定し，それらについてゼロ件の目標を立てて推進するのがよいだろう．前項に示したデグレードや事故対策失敗というような重点管理事故を，「ゼロ件にしたい種類の事故」にして管理することも可能である．

ソフトウェア開発の成熟度が高くない組織では「レビューやテスト漏れでリ

リースして発生させた事故をゼロ件にする」「構成管理されていない変更による事故をゼロ件にする」というような組織側の目標に沿った事故ゼロ件目標を立てることもよいであろう．

4.4.2　サポート品質のマネジメント

　ソフトウェアに限らず，製品の問合せサポートの重要性が増しており，製品価値の一部となっている．サポートの善し悪しが製品選定の材料となる場合もある．したがって，ソフトウェアサポートという業務自体の品質も品質保証の対象としてマネジメントする必要がある．

　このため，表4.8に示すようなサポート品質指標の目標を設定し，これらの指標を組織全体や製品群単位で集計し，「組織的な問題がないか」「中長期的に悪い傾向になっていないか(例えば，質問に対する回答時間が徐々に延びているなど)」を確認する．

　さらに，サポートに対するクレームなども含めて分析するのもよい．例えば，表4.9に示すような自組織のソフトウェアサポートに関して「どのような不満がフィールドにあるか」を収集し，それについてマネジメントする．

表4.8　サポートの品質の指標(例)

分類	指標	説明
回答時間	平均回答時間	一定期間以上の回答期間を要している事故またはクレーム件数／月
	回答時間遵守率	組織で設定した目標回答期間中に回答できた割合
	未回答件数	基準を超えて長期間未回答の事故またはクレーム件数
組織効率	サポート効率	開発部門に回さずに，サポート部門で回答できた割合
顧客満足度	正確性	回答が正しかった割合
	顧客評価	サポート済み顧客に対するアンケート結果の集計(回答の迅速性，正確性，対応の丁寧さ)など

表 4.9 ソフトウェアサポートの失敗事例の分類と事例

#	分類	事例
1	不正確な回答	回避策の失敗，事故の発生条件が現実と異なったことによる事故の再発，担当外の担当製品以外のものについての誤った回答，採取すべき資料の誤りなど
2	不誠実な回答	質問のたらい回し，顧客の質問についての不信，顧客で実施できないような対策の提案，顧客にとっての事態の重要度の読み違い，製品の仕様ではなく顧客のトラブル解決への回答をすることなど
3	回答までに長時間	適切な資料の採取が手段皆無，重要度緊急度の読み違い，製品側の故障切り分け手段が貧弱など

表 4.9 のようなデータに加え，さらに主なサポート事例や他社比較，各種ベンチマーク資料なども含めて分析することで，組織のトップマネジメントも含めて定期的(1回/1カ月程度)に評価し，組織的なサポート品質の改善につなげていくようにするとよい．なお，クレーム内容が製品の品質に関するものの場合は，サポートに対するクレームとは分けて管理し，製品側の改善に結びつけるようにする．

4.4.3 サポートサービスの組織的な位置づけ

サポートサービスの組織は，顧客に対するフロントエンド的な位置づけであり，顧客や顧客先で情報システムを構築・保守する技術者(SEなど)と密接な連携をとることが必要である．このとき，ソフトウェア開発組織によっては，ソフトウェア開発時の品質保証部署がソフトウェアリリース後のフィールドでのサポート活動も行っている場合もあれば，これらは独立した部署が分担している組織もある．

量産品の組み込みソフトウェアやパッケージソフトウェアのように，フィールドで不特定の顧客に使用されるソフトウェアの場合，フィールドでのサポート活動は，受付をするコールセンター窓口の第一対応者，製品の切り分けをす

る第二対応者，原因を特定する第三対応者などのように，階層的な複数ラインによるサポート体制をとることが多い．製品の品質保証をするソフトウェア品質保証部署がフィールドでのサポートをすべて分担するということはできないが，部署として分離していたとしても，品質保証部署とサポート部署は密接な連携が必要である．開発での情報をフィールドでの品質保証に役立てることは必須である．さらには，4.5節で説明するフィールドでの品質保証から得た情報を開発側にフィードバックする活動が効果的である．また，連携を密接にするという意味でも，この両部署の人材の交流やローテーションなども有効であろう．

4.5 ソフトウェア開発へのフィードバック

事故などを引き起こしたソフトウェアの不良を対策するだけでなく，そこでわかった製品，開発方法，開発者の意識などの課題を，ソフトウェアやその開発プロセスなどにフィードバックしていくことが，品質保証観点で大変重要である．

このなかで，組織的な失敗事例の開発プロセスへの反映および品質意識の醸成については第5章で記述するので，本節ではソフトウェアサポートで得た情報を使ったソフトウェア製品の機能・品質の向上およびソフトウェア開発プロセスの改善について解説する．

4.5.1 クレームおよび事故データの精査

ソフトウェア開発にフィードバックを行うために，まずサポートサービスの履歴や事故報告書などに記述された情報を精査する．この精査は，組織全体ではなく，個々のソフトウェアごとに行う．時期としては，対象となるソフトウェアの開発プロジェクトが開始される前がよい．また，新規開発の場合は類似のソフトウェアの情報を精査する．

事故の場合，対象ソフトウェアの不良を作り込んだコンポーネント，不良を

作り込んだバージョン，不良の技術的原因(作り込み工程，技術分類，作業分類，テストでの摘出漏れ理由など)および動機的原因(注意不足，前提知識不足，開発ルールの理解不足など)を列挙して，そのソフトウェアおよびその開発プロセスの信頼性関連の課題を明確にする．

　クレームや質問といったサポート情報について，コード分類の集計は必ず行う．できれば，コード化された情報だけでなく，問合せ内容を質的に解析したり，テキストマイニングなどを行ったりして，「どのような課題が発生しているのか」をより深く解析できるとよい．

　さらに，品質保証担当は顧客との会話で競合他社との性能や操作性などの比較を聞く機会もある．このような情報もフィードバックに必要な情報である．

4.5.2　クレームおよび事故情報のソフトウェアへの反映

　事故が多発しているコンポーネントを特定することで，該当部分の信頼性向上を図る．さらに，事故の原因となった不良の作り込みバージョンから，「どのような開発で事故につながる不良を多く作り込んだのか」を解析する．リリース後に多くの事故を発生させている場合，作り込みバージョンに立ち返って，そのバージョンでの開発部分の再設計や再テストを行うとよい．

作り込み時期に戻って品質向上

　新開発のソフトウェアの出荷から長年にわたって機能改善や機能追加を行ってきたソフトウェアでは，不良の作り込みバージョンによる分析が有効な場合がある．例えば，あるソフトウェアの出荷後に顕在化した不良件数について「発生バージョンごと」と「作り込みバージョンごと」に分析してみると，そのヒストグラムの形が必ずしも一致しないことがある．

　図4.2の例では，(a)に示すように，バージョンが進むにつれて，多くの不良が顕在化しているが，実はその不良が作り込まれたのは，過去のバージョン(V1，V3)が多く，このときの開発に何らかの問題があったこと

第4章 ● フィールド品質保証とソフトウェアサポート

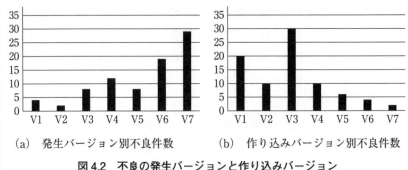

(a) 発生バージョン別不良件数　　(b) 作り込みバージョン別不良件数

図 4.2　不良の発生バージョンと作り込みバージョン

が明らかで，今後もその部分で事故が起きる可能性が否定できない．そのため，この時期の開発部分について品質見直しをすることで，そのソフトウェアのライフサイクルにおける効果的な品質改善ができる．

　信頼性以外の操作性や性能効率性などの問題についても，特にクレームの情報を使って改善したい．顧客から質問が多い機能は，使用する立場でわかりにくく，かつ，よく使用誤りをするような機能といえる．つまり，ソフトウェアの開発側が当初から設計している仕様であっても，顧客側にとっては使いづらく業務プロセスのなかに組み込めないという課題を含むものも少なくない．しかし，このようなフィールドの生の声は，サポートのなかでユーザの指摘ミス，ユーザの操作ミスといった回答として処理され，埋もれてしまっている危険性がある．

　また，サポート作業が発生したときに，顧客に対して何回も資料採取をお願いしたり，資料採取の時間が長く，結果として多くの事故が原因不明になってしまうような場合が考えられる．このような場合には，そのソフトウェアに対してサポート用の機能，特にトレースやログなどのトラブルシュート用の機能実装およびサポート用機能の性能向上としてフィードバックし，同様の問題が将来発生しないようにする必要があるだろう．

　サポートで得た情報を使って，ソフトウェア開発部署にソフトウェアへの反

映を依頼するような場合，単に「そのような課題がある」「こういう機能改善が必要」という言うだけでは，受け入れられない場合も少なくない．この解決策として，まず，「サポート担当および品質保証担当という職務が顧客と密接に連携しており，顧客の意見の代弁者になっている」という認識を組織全体でもつようにすると効果的である．さらに，顧客の苦情そのものや具体的な改善策のみをいうのではなく，背景となるような顧客側の課題を解決することで顧客満足および製品品質という観点から「どのように向上するのか」も含めて伝えるようにしたい．

顧客の立場に立った合理性の理解

　一般的に開発者は，開発したソフトウェアが（開発側から見て）合理的に使われることを想定している．ところが，顧客側では開発側で暗黙的に仮定していた機器構成や業務シナリオなどと全然異なる運用をしているような場合があり，これが原因で事故が発生することがある．このような場合，開発側からみると，短絡的に「どうして，このように使ってくれないのか」「それでは性能が出ない」というような意見が出ることがある．

　実際の使用現場では顧客側のさまざまな事情がある．例えば，情報システム部門の体制であったり，使用しているサーバマシンを共用しているといった制約のなかで，顧客の立場では合理的にシステムを構築しているのである．

　このような使用現場と開発現場の乖離によって，機能の設計が顧客に不親切になったり，多くの顧客構成が開発側のテストから漏れていたりすることで，製品の機能に不満が出たり，信頼性を損ねて事故を発生させたりするのである．

　この問題を解決するためには，当然，事前にフィールドでの顧客が「どのような構成や運用でソフトウェアを使うか」を把握する．また，この情報にもとづき機能設計やテストを行う．さらには，事故などの経験を踏ま

え，同様のことが起きないように，開発側の意識改革および開発プロセスや開発環境を改善していく必要があるだろう．

4.5.3　クレームおよび事故情報の開発プロセスおよび開発環境への反映

　事故原因の技術的および心理的な要因を突き詰めると，ソフトウェアそのものの対策とともに開発プロセスや開発環境も改善していく必要がある場合がほとんどである．

　まず，設計工程で不良を作り込んだ場合を考えてみよう．本来，設計工程で作り込まれた不良は，その工程（アジャイル開発の場合はそのイテレーション）で摘出されているはずなので，多くの場合，その工程でのレビュー方法に課題があることになる．例えば，レビューできる人が参加していなかったり，レビューに対して十分な時間が確保できていなかったりする場合である．

　次にコーディング時に不良が起きた場合を考えてみよう．ソースコードインスペクションやウォークスルーというプロセスを入れれば防げる不良もあるし，また静的解析ツールをかけることで事前に不良を除去できる場合もある．

　それでは，テスト漏れが起きた場合はどうなるだろうか．テスト項目自体が漏れているような場合，「そもそもテスト設計として必要な知識が開発者に徹底されていたのか」「テストケースレベルでのレビューはあったのか」「（レビューがあった場合）顧客の使用方法を理解している人が参加していたのか」といった問題が考えられる．ここでもしテスト実施自体が不足している場合には，フィールドでの顧客の環境に近いテスト構成がなかったり，テストの自動化が不十分で，しかるべき確認作業が漏れていたりすることもあるだろう．

　このような各工程での問題を解決するためには，ソフトウェア自体の改善だけでなく，今後の同種の不良をリリースしないための開発プロセスや開発環境の改善が必要となる．ここで列挙したような品質施策を次回以降の開発プロジェクトで品質計画に組み込むことで開発プロセスおよび開発環境の改善が実現

4.5 ● ソフトウェア開発へのフィードバック

でき，結果的により高品質のソフトウェアが開発可能になる．

さらには，これらの経験を踏まえて得られた知識が組織全体での高品質なソフトウェア開発の知識につながるような場合には，組織全体で共有するような文書としてまとめて活用するとよいだろう．

稼働率を下げてしまうサポート作業

稼働率というと，通常運用時の可用性やMTBFといった尺度を思い浮かべる読者も多いと思うが，顧客から見るとそれだけではないことがある．

ソフトウェアベンダのA社幹部が顧客訪問時，顧客から以下のような苦情を受けた．

「御社の製品は故障が少なくて素晴らしい．しかし，いったんトラブルが起きると，あれこれと資料をとったりして，開発部署と頻繁にやり取りしたりして，復旧までに結構時間がかかる．また，品質向上という理由で設備を止めて点検するだけではなく，ソフトウェアのアップデートなども頻繁にある．その点，競合B社の場合，故障件数は多いが，トラブルがあるとすぐに復旧部隊の人達が来てくれて，止まっていた装置を復旧してくれる．また，アップデートなども設備の停止なしで実施できるものもある．だから，われわれから見た稼働率でいうと断然B社さんが上なんですよ．」

製品の信頼性を上げるために良かれと思い行っているA社のサポート作業自体が，顧客から見ると不稼働状態を作り出すので，満足度を損ないかねないのである．顧客満足のために「サポートにかかわる不稼働状況を最小化する」という課題を重視したい．そのためには，説明にあるような復旧部隊の組織化や，稼働率を下げない稼働中点検・ソフトウェアアップデートなど開発部門と連携した稼働率向上施策を検討していくのがよいだろう．

4.6 ▶ 将来のソフトウェアサポート

　ここまで述べてきたように，ソフトウェアサポートは顧客の不満足を解消する役割から，よりポジティブに顧客満足を向上させることを目指すようになってきている．今後は，IT サービス化の進展にともない，運用と開発が密接に連携するようになっていく．また，簡単にサポートできる仕掛けをもつ組織が，ソフトウェアやサービスビジネスの競争力を生み出すため，ソフトウェアサポートの重要性はさらに増していく．

　これまでは，ソフトウェア開発のプロセスが主であり，サポートサービスのプロセスは開発プロセスとは独立か，もしくは開発プロセスに従属していた．

　しかし，今後の IT サービス化が進展していくに従って，重要度の主従は逆転していく．サポートはアフターサービスではなく，開発に必須の前提条件となっていくのである．具体的にいえば，ソフトウェアのライフサイクルレベルにかかわるサポートサービスプロセスのあり方を前提にして，それから「どのようにソフトウェアを開発していくか」と考えるようになる．つまり，3.3 節で解説した「利用時の品質の把握・定義フェーズ」とは，まさしくサポートサービスの結果として得られる情報がもとになっていく．

　このとき，ソフトウェア開発のプロセスについて「ウォーターフォール型開発か，アジャイル開発か」と選択を迫られる問題が起きるだろう．しかし，それは開発するソフトウェアの種類の問題だけではなく，ライフサイクル全体のなかでどのようにサポートしていくかという問題へと帰結していくであろう．

第 4 章の参考文献

[1]　官野 厚：『ITIL の基礎』，マイナビ，2013 年
[2]　ISO/IEC 20000 活用ガイドと実践事例編集委員会（編著）：『ISO/IEC 20000 活用ガイドと実践事例』，日本規格協会，2008 年

第5章
組織的なソフトウェア品質マネジメント

5.1 ▶ 本章の概要

　ソフトウェア開発の基本的な単位は開発を行うプロジェクトである．しかし，会社やその部署といった永続的なソフトウェア開発組織で継続的に開発・保守されているソフトウェアも多いだろう．ソフトウェアのライフサイクルにわたり組織全体としての品質マネジメントの取組みを行うことで，組織の方針に沿い，かつ組織が一体となるようなソフトウェアの品質保証を可能にしている．さらに，顧客から信頼されるソフトウェアを永続的に作り続けることができる開発組織というのは，組織的な品質保証の究極の目標である．この目標を達成するために「さまざまな開発プロジェクトでの成功例および失敗例を組織で共有する」「品質を常に意識する技術者を育成する」といった取組みが重要になってくる．

　本章では，まず組織的な品質マネジメントの必要性と現状の課題を示し，続いて，課題認識にもとづいた品質保証のための組織的活動を紹介する．

5.2 ▶ 組織的品質マネジメントの概要

5.2.1　組織的品質マネジメントの必要性

　現実の大規模ソフトウェア開発のほとんどは，IT企業やソフトウェア会社，各種組織の一部門など固定的な組織によって開発されている．このような組織

では，固定的なソフトウェア開発組織がその業務機能として定常的に同種のソフトウェアを開発する場合が多い．さらにソフトウェアの長命化によって，ソフトウェアの開発だけでなく，その後の長期間にわたる機能の追加や変更のためのプロジェクトや出荷後のサポートも含めて組織的に対応しているのが現状であろう．

このようなソフトウェア開発組織では，「一つひとつのプロジェクト成果物としてのソフトウェア品質の確保」を考えるだけでなく，不特定多数のプロジェクトで継続的に高い品質のソフトウェアを開発できるような組織全体としてのマネジメントが必要になってくる．これが実現できれば，顧客からソフトウェア開発組織としての信頼が得られるうえに，ソフトウェア開発を受注する場合にも優位な立場を得ることができる．逆にいえば，同じような失敗を繰り返すようなソフトウェア開発組織は，将来的に多くのビジネスチャンスを逸することになるだろう．

5.2.2　組織的品質マネジメントの課題

ソフトウェア開発組織における組織全体活動は良い面も多いが，考慮すべき点も少なくない．組織的にソフトウェアを開発する強みとしては，「一つのソフトウェアは，自身のライフサイクルで複数のプロジェクトを経るため固定的な組織で開発したほうが効率がよい」「組織的にソフトウェア開発に関する知識を創造し，蓄積することで"他社との差別化"ができる」といった理由が挙げられてきた．

その一方で，特にソフトウェア開発組織においては，以下の点を考慮する必要がある．

(1)　個々の開発者の品質意識

ハードウェアの多くは製造機械を通じて生産される一方，ソフトウェアは人間が開発するものである．当然，開発に携わる個人にはそれぞれの個性や価値観があり，また品質へのこだわりの強さも一人ひとり違うだろう．そのため，

ソフトウェア開発に携わる人すべてが，品質に対してさまざまな意識をもったままバラバラに作業している場合，組織として同じような失敗を繰り返す危険性が高い．

(2) ソフトウェアの多様性

開発されるソフトウェアは，一つひとつが製品として機能はもちろん他の品質特性でも異なる部分が多い．そのため，あるソフトウェアで有効な知識や技術，スキルが他のソフトウェアでも有効とは限らない．また，第3章で解説したように，開発プロセスも多様化しているため，例えば，「組織全体の共通開発プロセスに特化したノウハウを組織全体に徹底する」というような施策も難しくなってきている．

(3) 技術の変化スピード

ある時点では，業界またはその組織でのベストプラクティスであっても，1年も2年も経つと陳腐な技術になってしまう場合がある．こういう技術を「ベストプラクティスだから」と数年かけて自組織の他プロジェクトに徹底しようとすると，かえって弊害を招く危険性がある．

(4) 技術のコモディティ化

ある組織で需要のある技術と同様のものは他社も必要としており，多くの技術・知識はインタネット上で共有されるようになっている．そのため，組織内での知識と世界共通の知識が連携できないと組織としての強みが発揮できない．

(5) ステークホルダの多様化

ソフトウェアの開発や運用に関連するステークホルダ(利害関係者)が多様化している．例えば，開発時にはソフトウェアの発注や共同開発などで多くの組織が連携している．また，顧客側も多くの組織や顧客への対応などの必要性から，多くの組織がソフトウェアの品質に関係するようになってきた．

5.3 ▶ 組織的品質マネジメントの基礎

今まで解説したように，ソフトウェアを取り巻く環境は常に変化している．ソフトウェア品質に関する具体的な課題は毎年変わるため，その変化に対応できるような新しい目標や取組みなどが必要である．このとき，ソフトウェア品質マネジメントの基礎となるのは組織の品質文化であり，組織に関連する一人ひとりの品質意識である．

(1) 品質文化とは

品質文化とは「組織が行動規範の一つとして品質を重視し，また，その価値観に従って，組織の活動や製品・サービスが社会に提供されていること」をいう．品質文化は，具体的には組織のスローガンから各種組織の規則や規格，ガイドなどに展開され，組織の活動の基準になることを目指す活動である．

品質文化は，ある製品の開発現場からボトムアップに組織に浸透するという場合もなくはないが，多くの場合，組織のトップや各部門のリーダーが率先して品質意識をもち，トップダウンで組織全体に浸透させる必要がある．

(2) 品質意識とは

ソフトウェアの品質マネジメントに組織の品質文化は必要不可欠であるが，これだけでは十分でない．品質文化が本当にソフトウェア開発組織に根づくためには，単にスローガンとか文書化された規格やガイドの類だけでなく，組織に関連する一人ひとりが品質意識をもち，かつ，それに従って行動することが必要である．ここでいう品質意識とは，「品質が重要だという価値観をもち，たとえ規格やガイドがなくても，組織の品質文化を体現できるような意識」である．この意識は，実際に製品の開発やサービスを提供している人だけでなく，組織の経営層から新人にいたるまで組織に関連するすべての人がもつ必要がある．

(3) 品質文化および品質意識の重要性

　品質文化や品質意識の根づいていないソフトウェア開発組織は品質保証に関する活動を継続できない．また，たとえ良いソフトウェア品質保証の施策やプロセスがあったとしても，それを実行するのが品質意識の低い技術者の場合，施策やプロセスが形式的になりすぎて，最終的な目標である顧客の満足につながらない場合も多い．

　一方，品質文化をもち，一人ひとりの品質意識の高い組織は強い．例えば，社会の基盤となる情報システムがメインフレームからLinuxベースのシステムになったとしても，そのシステムに求められる利用時の品質や外部品質にはともに大きな違いはない．現実としてソフトウェアの開発は人の手で行われており，「ソフトウェア開発者がどのような意識をもってソフトウェアを開発するか」という点では，過去から大きな違いはないといってもよい．このため，組織内のソフトウェア開発にかかわるすべての人が，品質に対して強いこだわりをもって高い品質目標を掲げ，ソフトウェア開発に取り組めるようにできれば，開発するソフトウェアやサービスが大きく変化の波にさらされたとしても高品質なソフトウェアを開発し続けることができる．

　組織の品質文化を確立し，構成各員の品質意識を向上させることによって，組織的なソフトウェア品質保証を永続的に実現することが可能になる．

5.4 ▶ 組織的品質マネジメントの実際

　組織的なノウハウや知識が共有できておらず，各ソフトウェア開発プロジェクトでばらばらに管理している状態では，情報系企業が繰り広げる厳しい競争を勝ち抜くことはできない．現状，組織的な知識集積が不十分の状態であれば早急に解決し，市場で競争優位の立場を築く必要がある．本節では，組織的な品質マネジメントの実際の取組み事例を中心に解説する．

5.4.1　事故事例の共有による品質意識の醸成

　組織の各種の失敗事例を組織全体の経験や知識として広めることは，品質意識の醸成に役に立つ．例えば，顧客に重大な事故があった場合，その事故によって「どの顧客にどの程度ご迷惑をかけたのか」「どのような技術的，動機的な原因から不良が作り込まれ，また，テストで摘出できなかったか」についての分析結果も含め，組織内に展開することが重要である．
　ただし，こうした失敗事例を展開するときには，以下の点について考慮する必要がある．

- 事故を起こした開発者への叱責ではなく，将来の事故防止が目的であることを明確にする．
- 事故を発生させた部署以外でも「自分に関係のある話だ」と思わせるように展開する（まったく他の部署に関係のないような特殊事例は展開しない）．
- 開発組織の観点での問題および顧客の立場での問題の両方が，開発者に伝わるようにする．

　これらの課題に対応するため，最近ではソフトウェアの事故事例について，単にトップダウンに展開するだけではなく，事故事例を題材に各プロジェクトのメンバーが集まり，「事故の本質的な問題点について自分の開発しているソフトウェアで同様の問題がないか」「顧客に迷惑をかけていないか」を議論し，メンバー自らが考えることで品質意識を向上させたり，事故防止を図る取組みが増えてきている．
　また失敗事例だけでなく，「開発しているソフトウェアが社会や顧客に対してどのように役に立っているのか」という問題も組織の開発者に意識させる試みも出てきた．例えば，「このソフトウェアやサービスがあったから顧客が大変喜んだ」という実際の事例や，「そのような信頼を勝ち得るために，社内の各部署や顧客も含めて多くの組織が連携していること」をプロモーションビデオのような形で示す．このようにして自製品に対するプライドを醸成するとと

もに，仮に機能を逸した場合の社会レベルのインパクトも自発的にわからせるような取組みである．

　品質意識の醸成のための取組みは，単に自分の組織内だけでなく，ソフトウェア開発に関連するすべてのステークホルダにも周知する必要がある．

5.4.2　組織全体の品質向上運動

　組織の抱える中長期的なソフトウェア品質課題の解決のためには，全員参加の品質向上運動を編成することが有効である．この期間は2～3年程度とし，開発組織のトップも参加する．

　組織の抱える中長期的な課題の一例としては，「ソフトウェア開発組織が抱えている品質に対する本質的な課題解決」（例えば，顧客経験（UX）向上や重要事故撲滅など），「今後の組織の新しい事業方針」（例えば，ソフトウェアのサービス化やテナントサービスなどでの品質強化）などがある．そして，「"どのような期間""どのようなテーマ"で品質向上運動を行うべきか」について，開発組織トップを含めて審議し，内容を決定する．

　事故を起点とした品質向上活動は，どうしても上位職種と事故の関係者などに閉じてしまう傾向がある．これに対して，全員参加の品質向上運動なら，2～3年という期間をかけて部署横断的に開発組織全体の課題の解決を目指すことができる．

　具体的な取組みの際には，スローガンや開発組織トップのメッセージ，運動のロゴなども作り，また，事故だけでなく良い取組みの紹介も含めたイベントも適時に開催する．たとえ小さなイベントでも，開発のステークホルダ全体を巻き込み，一体となって実施していきたい．

日立製作所における顧客経験価値向上の事業所運動の事例[1]

　顧客経験価値（UX）とは，顧客が製品やサービスを使った際に実際に感じる質の高い「経験」や「体験」を提供価値とする（本書の「利用時の品

質」に対応する)ものである．

　「UXが重要」ということを否定する人は組織内に誰もいないだろうが，組織的なアクションなくして，UXの価値観を組織およびその構成員一人ひとりがもち，それを製品やサービスの開発に反映させるということは難しい．

　日立製作所のソフトウェア開発部門では，まず幹部を対象としたワークショップを開いて，組織的にUXの浸透を妨げるようなソフトウェア開発ルールを改善したり，幹部自身の意識変革を行った．続いて，事業部門全体の運動として，UX啓発のためのキャッチフレーズや各種グッズを製作し，また事業部入り口にシンボルとなる大看板を建てるなどの施策を行った．

　この結果，組織の構成員一人ひとりが「UXを意識して製品やサービスの開発を行う」という意識へ変革していき，組織全体のソフトウェアやサービスの開発プロセスの改善などを実現できて，顧客が使用して「良い経験を得た」と思えるような製品・サービスを組織的に開発できる仕掛けを構築することができた．

5.4.3　事故事例の組織への反映（日立の落穂拾い）

　日立製作所では長年，「落穂拾い」という名前の事業所レベルの事故の反省会議を定期的に行っている．落穂拾いは，SQuBOKにも採録され多くの参考文献もあるが，組織的なソフトウェア品質保証という観点から「どのような点で特徴があるのか」について解説する．

---

1) 「「モノ」から「感動」へ―日立がめざす，UX開発がもたらすもの」「Open Middleware Report Vol 58.」(http://www.hitachi.co.jp/Prod/comp/soft1/open/report/omr/vol58/)

(1) 落穂拾いとは

落穂拾い[8]は，社外で発生した事故，さらに顧客の信頼を逸するような事故の反省を行い，経験を拾う場である．その始まりとなったきっかけは，下記のコラムに示したような顧客からの要望やクレーム，事故報告などに対して，社内で不適当な対応が問題となったためである．

ここで，落穂拾いは，三つの基礎観念にもとづいて行われている．

① 他社・他人に対し，不親切ではないか？
② 納品のクレームに対し，不信はないか？
③ 外に向かって空理空論を吐いてはいないか？

この三つの観念をもとにフィールドで発生した事故を真摯に反省し，社会に貢献する技術者として思いやりの精神を醸成するとともに，組織として同様な問題を未然に防止することを目指した活動である．

落穂拾いは「油挿しに会おう」が原点

日立製作所は，もともとモーターの修理工場から出発した会社だけあって，長らく主力製品はハードウェアであった．ハードウェアのなかでも家電分野であれば，実際に製品を使用しているユーザは製品の開発者や製造者から見える．しかし，モーターやタービン，変圧器といったハードウェア製品の場合，その製品を使ったり，保守したりする人と接点をもつことは難しくなる．そのため，実際に日立製品を使っている部署や個人から苦情や厳しい感想が届いたとき，日立側の技術者がそれらのクレームに対して不信をもったり，工場の内部の論理から顧客に関係のないような論理を振りかざしたりするという問題が起きた．

例えば，「この製品はこういう設計思想で開発されている」「そのような操作をすれば，当然そういう結果になる」「今回発生した件は，特定の環境で極まれに起こる現象であることを確認した」「ちゃんと所定の試験は通している」「製造現場をわかっていない」という考え方に固執していた．

> 社内の技術者は「自分たちで開発・製造した製品が，納入先で実際にどのように使われているのか」「実際にその製品の保守のためにハードウェア製品に油を挿しているようなお客様がどのような苦労をしているか」を知らなかったので，顧客からクレームがあると自分の無知を棚に上げて顧客に不信感を抱くことすらしていたわけである．
> 　「日立の落穂拾い」は，そんなかつての反省すべき対応を戒めようとしたのがそもそもの始まりである．

(2) 組織全体における顧客本位な意識の確認の機会

　落穂拾いは，日立製作所の各事業所で半年に一回程度開催し，コーポレート部門の幹部および事業部のトップも必ず出席する．

　実際に発生してしまった事故を題材にして，参加者が議論し，「落穂拾いの基礎観念に照らして，欠けていたことはないか」「どうすればよかったのか」という反省を，技術面はもちろん精神面や心理面からも行う．そこでは技術論とともに技術者の意識も重視される．「技術者が顧客のことを考えて誠(まこと)を尽くした仕事をすれば，自然と必要な技術は見い出せる」という考え方である．

　事業部のトップは，事故を起こした技術者の指導も行うが，コーポレート部門の幹部に対して事業部としての事故の反省を踏まえた取組みを報告する立場でもある．そのため，落穂拾いは組織のもっている品質第一すなわち顧客本位の文化を幹部から新人まで含めた事業部全体で確認・発展させる機会にもなっている．

(3) 落穂拾いでの技術論

　「技術者の意識を重視する」といっても，精神論だけでは，実際に発生した事故の原因も追究できないし，その後の再発防止も困難である．このため，事故が発生した技術的な要因については，科学的根拠も含めて事実に対して忠実に追究し，情報を共有する際には図表なども駆使してできるだけわかりやすく

説明できるようにする.発生した事故を審議する幹部にも理解できるように説明できなければ,顧客にも理解してもらえないだろう.技術的に詰めの甘い説明を許せば,顧客に対して極めて不親切な対応へとつながり,落穂拾いの精神に反する.なお,この「技術的要因をわかりやすく説明すること」は「技術者として最も重要な技術力の一つ」と日立では考えられている.

落穂拾いで明らかにされた技術的要因は,なぜなぜ分析を用いてその動機的原因を追究する.日立ではこれを5W分析とよび,「なぜを5回繰り返すと真の動機的原因が見い出せる」としている.追究された動機的原因をもとに開発者の意識や開発プロセスなどの課題を明確にすることで,事故を発生させた製品や部署だけでなく,組織全体の製品や組織での再発防止策を導く.

(4) 落穂拾いを通じた再発防止を有効にするために

ソフトウェア開発の成熟度が低い組織の場合,開発プロセスが整備されていない場合が多い.このため,落穂拾いでの原因追究の結果,「あるタイミングでのレビュー実施」「構成管理の徹底」といった,どのソフトウェア開発にでも当てはまり,有効性も高い開発プロセス面での再発防止策が出てくることが多い.

一方,これがソフトウェア開発の成熟度が高い組織になると,共通的に必要な開発プロセスは整備されている.このため,個々の事故には個々の深い理由があることが多く,動機的な原因から意識やプロセスの課題にさかのぼっても,そのソフトウェアのみ,もしくは発生した事故のみにしか有効でない再発防止策になることが少なくない.そのような特殊事情の再発防止策を他のソフトウェアに無理に適用しようとすれば,他の事例との共通性に欠けるため,良かれと思った施策が組織的な品質向上の足かせになる危険性がある.

このように再発防止は有効性をよく検討して決める必要がある.「検討した再発防止策を本当に一度実施してみる」「再発防止策の適用後に見直し時期を決めておく」など,有効性の程度を確認するフェーズを設ける.組織的に展開するのは,そのフェーズにおける結果を受けてからがよいだろう.

5.4.4　組織的知識の蓄積と知的財産権の適切な制御

　大規模なソフトウェア開発組織では，ソフトウェアの品質にかかわる多くの情報が日々生成されている．テスト数，不良数，クレーム数といった量的に表せる情報もあれば，量では表せない設計ノウハウ，テストノウハウなどもあるだろう．

　これらの情報をソフトウェア開発組織の全体で集積し，組織的に活用することは，ソフトウェア開発組織の最重要課題の一つである．その一方で，ソフトウェア開発における知識の多くは，自組織だけでなく関連する他組織の知識も含むため，知的財産権保護への考慮も必要である．

　本項では「組織的な品質データ収集・活用」「高品質ソフトウェア開発のための知識集積」「知的財産権保護への考慮」について解説する．

(1)　組織的な品質データ収集・活用

　ソフトウェアの開発時には，品質にかかわる多くのデータを得ることができる．プロジェクトに関するスケジュールや各種リソースのデータ，開発プロジェクトで生成される成果物のデータ，開発やテスト時の品質データなどである．さらに，市場でのマーケティング情報から実稼働時のインシデントや事故などの情報も品質データとして蓄積可能である．

　これらの情報は，一つの開発プロジェクトで活用することもできるし，そのソフトウェアのライフサイクルで活用することもできる．しかし，できればソフトウェア開発組織レベルでの品質向上を目指して活用してほしい．そうすれば，開発組織全体の品質状況が明確化できるだけでなく，組織全体で推進している品質向上活動の取組みの成果を計測したり，組織的な課題を明確化したりできる．

　ここで，品質データを組織的に扱うときの三点の課題とその対応策について以下に示す．

5.4 ● 組織的品質マネジメントの実際

(a) プロジェクト横断的な活用

特定の工程や作業の品質データ(単体テスト工程のテストカバレッジデータや,設計書レビューで摘出された問題のデータなど)を,一つの開発プロジェクトだけでなく複数のプロジェクトで横断的に活用する.アジャイル開発ではイテレーションやバックログの各種完了基準を組織全体で(ある程度)統一しておくことで各種の品質データをプロジェクト横断的に扱えるようになる.

(b) ソフトウェアのライフサイクルでの活用

あるソフトウェア開発プロジェクトで得た品質データを,そのソフトウェアに対する将来の開発プロジェクトで利用できるようにする.第3章や第4章で示したとおり,ソフトウェアのライフサイクルで機能追加や変更を行う開発プロジェクトがある場合,過去のプロジェクトの品質に関する実績データをベースにして,各種の品質目標値を立てることが可能になる.また,事故を発生させた不良を作り込んだ過去の開発プロジェクトの品質データを解析することにより,顧客に迷惑をかけた不良作り込みの本質的な原因を追究することができる.

フィールド品質指標と社内の品質指標との比較の重要性

原則1-a にあるように,品質保証の最終目的は顧客満足度,すなわちフィールド(顧客先)での品質である.このため,顧客先での品質指標,例えばフィールドで発生した故障数などを管理していく.一方で開発中の社内での品質指標はこれを良く(小さく)するための指標といえる.そのため,製品出荷後にはこれらフィールド品質指標と社内での品質指標の相関分析を行うことが有効になる.特に,フィールドでの品質指標に相関の高い社内の品質指標を見つけ,これを改善することでフィールドの品質も良くしていくことができるという考え方である.

例えば,ウォーターフォール型開発では上流工程での不良摘出が重要と

いわれているが,「上流工程で不良摘出割合が多い製品・プロジェクトでは,本当にフィールドでの品質がいいのか?」とか,「テスト件数が多い製品は,フィールド品質がいいのか?」などといった疑問をもつことが重要である.このように,各種の社内の品質指標のうち,フィールド品質との相関が高いものを「重要な社内品質指標(KPI)」としてマネジメントしていくことで,フィールド品質の向上が見込まれる.

また,これらの相関関係を明確にして開発者にも説明することで,開発者として当該社内の品質指標の改善意欲が増し,品質向上効果を得ることも期待できよう.

なお,筆者(梯)の経験から,相関分析はすべての製品・プロジェクトで実施をするよりも,フィールド品質の悪かったものを中心に実施することをお勧めする.数多くの製品・プロジェクトのなかには,社内の品質が悪くてもたまたま顧客先で不良が顕在化せず,故障発生の少ないものもあるからである.

図5.1は上流工程(例えば,基本設計からコードレビューまで)に摘出した不良の割合(%)と出荷後の一定期間(例えば,一年間)での顧客テストや

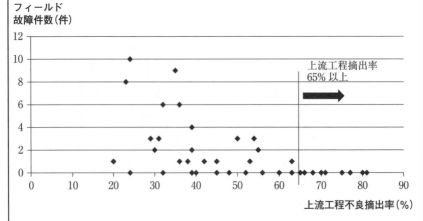

図5.1　上流工程不良摘出率とフィールド故障の関係(相関分析の例)

運用中の故障発生件数の関係を示したものである．これを見ると，上流工程で55％以上の不良を摘出すると，フィールド故障は一件以内に抑えられ，65％を超えると発生しなくなっている．このことから，上流工程不良摘出率の目標を65％以上に設定するなどの方法が考えられる．

(c) 組織の品質目標に対応した効率的なデータ収集

組織の品質目標に沿ったデータを収集するのは当然であるが，気づかぬうちに目標にまったく関係ないデータを採取したり，そのデータを使って品質データを加工したりするようなケースもある．このようなケースは，データ採取の労力と結果の有効性の両面から問題が大きい．

データの記録や採取，蓄積について，毎年一度以上はデータを見直し，必要なデータの採取および不必要なデータの排除を検討するとよい．ただし，数年間連続して採取することでわかるような品質の問題もあるので，「すべてのデータについて毎年一から見直す」というアプローチよりも，継続性を考慮したアプローチが望まれる．

データの記録や採取，蓄積は自動化されることが理想である．しかし，自動化の強制が開発者や管理者に大きな負担をかけることもある．例えば，自動的なデータ採取ツールを全開発プロジェクトに強制することによって最新のソフトウェア開発環境を使えないというような場合である．このため，あえてデータの採取は自動化しないことも選択肢の一つとなる．

KPI疲労にご注意を！

フィールド品質・社内の品質の相関分析で重要品質指標（品質KPI）を指定し，これを改善することで，フィールド品質の改善が期待できることはすでに説明した．特にどの製品・プロジェクトでも同様の傾向が見られるような指標は，これを共通品質KPIとして，社内品質向上全員運動

(5.4.2項)などで改善を呼びかけて，社内各部署での改善をフォローしていくことなども効果的であろう．

ただし，この品質KPIの改善を強力に推し進めていくと，当初効果的であってもだんだんと効果が薄れていくことがあるので注意が必要である．もともと，フィールド品質を良くすることが目的であったが，継続するうちに「品質KPI自体を改善することが目的」となる恐れがある．例えば，「上流工程での不良摘出割合」を社内の品質KPIとした場合，些細な仕様書不備を複数取り上げて摘出件数を増してカウントしたり，下流のテスト摘出不良を複数まとめてカウントして小さくすることで，あたかも品質KPIが良くなったかのように見せるなどが考えられる．また，開発環境や前提とするプラットフォーム（コンピュータやOSなど）の変化，あるいは開発プロセス改善を繰り返すうちに，当初重要な品質KPIとした指標のフィールド品質との相関が悪くなるようなこともあるだろう（筆者はこの現象を「KPI疲労」とよんでいる）．このため，品質KPI改善効果や指標の社内・社外相関分析は継続的に確認し，相関が崩れた場合にはその原因分析をして品質KPIや指標のカウント方法を見直していくことが必要になる．

(2) 高品質ソフトウェア開発のための知識集積

組織的なソフトウェア開発のための情報は，採取したデータだけではない．開発知識の共有を通じてプロジェクト横断的な組織知を形成することは，ソフトウェア開発組織の最も重要な課題の一つである．

ここで，ソフトウェア開発組織で高品質ソフトウェアを開発するために必要となる知識の例を表5.1に示す．

高品質ソフトウェアを開発するために必要な知識の多くはソフトウェアの開発者がそれぞれにもつ暗黙知である．これは，ソフトウェア開発における品質や生産性の最も大きな差異要因がソフトウェア開発者のスキルであることから

表5.1 ソフトウェア開発組織における品質知識(例)

大分類	説明
暗黙知	ソフトウェア開発技術者個人がもつノウハウや開発スキル
	ソフトウェア開発プロジェクトマネージャーがもつノウハウや管理スキル
	各種支援部署の(品質マネジメント技術も含む)ノウハウやスキル
	組織が(明文化されていないが)その文化としてもっているノウハウやスキル
形式知	組織全体のプロセス規格，コーディングガイド，設計ガイドなど
	部署内の規格，プロジェクト規約，作業手順書など

も明白である．

　このソフトウェア開発者がもつ暗黙知について，「どのように，プロジェクトや組織単位で多くの開発者に広めていくか」「どのように暗黙知を組織の形式知とすることができるのか」「どのようにして形式化された知識を各プロジェクトに広めていくのか」といった取組みは，ソフトウェア品質保証の最も重要な課題の一つである．

　企業が組織内で知識を創成するために使うフレームワークのなかで，SECI (Socialization-Externalization-Combination-Internalization)モデル[1]はソフトウェア開発組織にも浸透してきている．その一方で，ソフトウェア開発に関連する暗黙知の多くは形式知化できないもので，もし形式知化できる知識があったとしても，日進月歩のソフトウェア技術の進化によって，形式知化できる頃には陳腐化している場合が多い．

　したがって，高品質ソフトウェア開発のための「良い知識」を考えた場合，形式知化できたり量的な評価ができることも重要であるが，実利を優先し十分に形式知化されていなくても広く適用できることを優先させたい．

　例えば，組織内の多くの開発プロジェクトからベストプラクティスを収集して，設計ガイドのような強制力をもたない文書としてまとめるのはよいだろう．さらに，ソフトウェアの開発や品質保証に携わる技術者のSNSやブログとい

った開発者間のコラボレーション基盤を社内の情報ネットワーク上に構築することも有効である．すなわち，できるだけ鮮度が高く，組織のフォーマルな知識にする手間もないうえに，実践的で組織内の技術者に良いプラクティスを浸透させることが可能になってきている．

(3)　知的財産権保護への考慮

　効率だけを考えた場合，その組織のもつ複数のプロジェクト間で知識を共有することで再利用できる知識にすることが重要である．しかし，知的財産権保護や企業の社会的責任への対応という今日的な要求も無視できない．

　ソフトウェア開発を最適化するためには，組織の全体の効率化を優先する場面と知的財産権に関する組織リスクを最小化する場面とを両立させる必要がある．このため，ソフトウェア開発組織で多くのソフトウェア開発プロジェクトを運用する場合，プロジェクト間で知識を積極的に流通させる場面と，適切に知識を制御する場面があるため，「その二つの場面をどのように組み合わせるか」が課題となる．

　すべてのソフトウェア開発組織は，ソフトウェア開発時に法令や他社との契約を遵守し，企業としての社会的な責任を果たす必要がある．組織のなかに複数のソフトウェア開発プロジェクトがある場合，プロジェクト横断的にソースコードや開発プロセスにおけるノウハウを共有することで，自組織の品質向上や効率向上を実現できる場合もある．しかしソフトウェアの開発では，自組織以外が知的財産を含む多くの素材を扱う場合が多いため，組織として適切に各プロジェクトのソースコードを管理する必要が出てくる．また，単に法令や契約を守るだけでなく，素材をもつさまざまなライセンス条件も満たす必要がある．さらに，不適切な情報がソフトウェアに混入したとき，ソフトウェア開発組織のリスクが他の産業に比べても大きいという問題もある．

　ここで，表5.2に知的財産権の保護のための施策を示す．

　知識共有と知的財産権保護の両立に関する課題に対する万能薬はないが，開発者全体が知的財産に関する正確かつ最新の知識をもち，本項で挙げたような

表 5.2　知的財産権の保護のための施策一覧

分類	施策
条令，契約，社会的責任に対応した規律・統制	各プロジェクトの間での，開発エリアの(物理的もしくは論理的な)分離
	契約違反のソースの混入防止
リスク削減のための規律・統制[注]	ソフトウェア開発プロセスのなかで複数プロジェクト間でのリスク低減
	危険なツールの統制
	営業秘密に相当するソフトウェアの流出防止
	組織内外または組織内でのファイヤウォール構築，ネットワークの分離
	セキュリティリスクの削減

注）　リスク削減のための規律・統制の多くは情報管理部署のタスクであるが，情報管理の方針に従って施策を講じる必要がある．

課題や対応策も知ったうえで，個々のソフトウェアやプロジェクトの課題に対応していくことが重要である．さらに，大規模な組織の場合には，知的財産に関する専門部署を設けて，発生する問題に対し，適切に対応することも考慮する必要があるだろう．

5.4.5　組織的品質マネジメントの今後の方向性

ソフトウェアの多様性の拡大，技術スピードの進化にともない，ソフトウェア開発組織全体での活動をどのように行っていくかについて岐路に立たされている．品質マネジメントも例外ではない．5.2.2項で説明したとおり，ソフトウェアの分野によっては組織的な活動をするよりも，ソフトウェア製品個別，またはプロジェクトごとに品質マネジメントを行うほうが効果的かつ効率的である場合も少なくない．このような状況のなか，組織的品質マネジメントを将来的にも積極的に推進したい分野として「組織への信頼を損ねるような課題への対応強化」「先端技術品質確保ノウハウの他社差別化」「品質文化確立のため

の人材育成」の3点を以下に説明する．

(1) 組織への信頼を損ねるような課題への対応強化

　機能適合性，使用性，性能効率性といった外部品質特性は個々のソフトウェアや開発プロジェクトに依存しているものが多い．一方，信頼性やセキュリティといった品質特性は，組織のなかの複数ソフトウェアや開発プロジェクトで共通した課題やそれを解決するための共通知識をもつ．なぜなら，ソフトウェア技術向上のスピードやコモディティ化の影響をこれらの分野にはあまり受けないからである．また，それらの品質特性で問題が発生すると，顧客に大きな不満足を与え，それは各ソフトウェア製品だけに留まらず，「組織への信頼」への脅威になる．同じような事故やセキュリティや知的財産権に対する問題が繰り返し発生してしまうと，たとえ事故や問題の原因が偶発的であっても，組織的な問題を抱えていると思われるのである．

　このような分野については，今後も各ソフトウェア，各プロジェクトにまたがった組織的な品質マネジメントを行い，「組織の信頼」を保つ必要がある．

(2) 先端技術品質確保ノウハウの他社差別化

　全世界的に確立されてしまった技術分野では，インターネット上に技術情報が整備されていることも多く，一つの組織が同様なことをやっても追従することは困難である．しかし，例えば，先端的な基盤技術を組織的に取り組む場合，各ソフトウェアおよび各プロジェクトで同様の悩みを抱えて試行錯誤するよりも，組織的に情報を俊敏に収集・展開し他社に対して優位になる開発環境を整えたほうがよい．例えば，大規模ソフトウェアでの使用例が稀少なプログラム言語を採用したり，開発環境に大きな影響を与える開発ツールを新たに導入するような場合である．特に先端的な技術の場合，信頼性や性能効率性などが不確定なことも多く，これらに対する品質評価情報などを組織内に展開するとよい．

　ただ，これらの情報は鮮度が重要である．半年，長くても一年という単位で

(3) 品質文化確立のための人材育成

ソフトウェア開発者に求められる技術的なスキルは，ソフトウェアごと，プロジェクトごとに異なる．しかし，5.3節で説明したとおり，その基本となるのは，個人個人の品質意識であり，それが積み重なってできる組織の品質文化であろう．

「ソフトウェア開発プロジェクトの途中でトラブルが発生した」「社外で顧客に大きな迷惑がかかる事故が発生した」というように，一つひとつ大きく異なる事象が発生したときでも，品質文化の根づいている組織は強い．品質意識や品質文化というのは，技術のトレンドに影響を受けにくいから，いつ，誰が対応しても，同じような価値基準で同じような対応を行うことができる．結果として，顧客や社会から信頼されるソフトウェアとなり，信頼される組織になることができるのである．

今後も，品質意識の醸成，品質文化の確立およびそれを任う人材の育成が，組織的品質マネジメントの基本であることは変わらない．

5.5 ▶ 継続的かつ組織的品質向上に対する取組み

「どのように組織レベルのソフトウェア品質を改善していくか」というプロセスには大きく2つの流れがある．すなわち，CMMI(5.5.1項(1))に代表されるような「定形的な改善メニューによる組織改善を行っていくアプローチ」とGQM(5.5.1項(2))に代表される「組織の目標に応じて改善項目や品質指標を決めて改善を行っていくアプローチ」である．最近では，組織的にソフトウェア資産を形成するアプローチとしてソフトウェアプロダクトライン(Software Product Line：SPL)が注目を浴びている．

本項では，CMMI，GQM，SPLの概要を説明し，現状の課題を示した後，

これらのフレームワークの長所を組み合わせた組織的なソフトウェア品質改善サイクルを示す．

5.5.1 組織的品質向上フレームワークの概要

(1) 定形的な改善メニューによる組織改善フレームワーク(CMMI[2])

　ソフトウェア開発組織向けの最も有名な組織改善フレームワークは，CMMI (Capability Maturity Model Integration)であろう．CMMIでは，事業固有の継続的改善をするための前提条件として，プロセス成熟度の低いソフトウェア開発組織が共通にもつべきプロセス領域の改善モデルを示している．また，段階的にプロセス成熟度を上げるために，「反復可能」「定義された」「管理された」といった各レベルを設け，各領域・各段階におけるベストプラクティスを示した．そして，これらのレベルを満足した後に，「最適化し続ける」という最終的なレベルを置いた．なお，CMMIで示されたプロセス領域は，「実施する組織のプロセスと一対一に対応しているわけではない」[2)]ことに注意が必要である．

(2) 各組織の目標に対応した改善フレームワーク(GQM[3])

　CMMIとは異なり，組織それぞれがもつ固有の目標を起点に，それを達成するためのプロセスを経て定量化や組織改善するモデルがBasiliの経験工場およびGQMである．経験工場とは，ソフトウェア開発の経験と成果物をその組織の資本として再利用することで改善を推進するようなソフトウェア開発組織である．GQM(Goal, Question, Metric)は，組織においてソフトウェア開発にかかわる指標を制定するための方法論である．組織としての目標(Goal)から測定を行う目的や測定対象(製品，プロセス，リソース)を定義し，運用レベル

---

2) CMMI序論［FM108．T102］では「組織内で使用される実際のプロセスは，適用分野，および組織の構造と規模など，数多くの要因に依存している．特に，CMMIモデルのプロセス領域は，典型的には，読者の組織で使用されるプロセスと1対1には対応しない」と書かれている[4]．

(Question)において目標を達成するために必要となる質問を定義し，定量化レベル(Metric)において運用レベルで得られた質問に定量的な回答ができるような指標を定義する．

(3) 組織のソフトウェア資産を形成するアプローチ(SPL)

ソフトウェアプロダクトライン(Software Product Line：SPL)は，共通的なベースとなるソフトウェア資産を形成し，それを戦略的に再利用することで多品種の製品開発の効率を抜本的に改善する手法である．似たような多くの製品をもつ組織が対象のため，どのソフトウェア開発組織でも適用可能な方法論ではない．まず，CMMIと同様な基本的な構成管理や各種の定量化の仕掛けを前提として，その定量化基盤を使い，GQMと同様に組織の目標に従って資産化するソフトウェアを特定して，継続的に資産を増やしていくという定量化と改善を組み合わせた改善アプローチを採用している．

5.5.2 組織的品質向上の現状の課題と対策

(1) 組織の実情や運営方法にマッチした組織的品質目標設定

現実のソフトウェア開発組織で，継続的かつ組織的にソフトウェア品質の向上を実現する場合，その組織がもともともっている事業方針や，それを管理するような仕掛けを無視して推進することは不可能である．多くの組織は，年1,2回ないし年4回という単位で目標を立て，進捗を測り，結果を評価するような方針管理の仕掛けがあるだろう．例えば，SWOT分析などを使ってその組織の目標を立て，バランスト・スコアカード[7]などの手法を用いて，各部門のKPIに落として，それを固定期間で進捗管理していくような仕掛けである．このようにもともと組織がもっている仕掛けを使ってソフトウェア品質の向上に役立てていくことを考えていく必要がある．

このとき，一点気をつけたいことがある．特に品質や開発プロセスなどの方針管理を行う場合，その組織で実際に起きている課題の解決のみが起点になりがちである．「重大な事故を発生させた」「品質が安定せずにソフトウェア開発

表5.3　組織的な品質目標設定時に考慮すべき項目

#	考慮すべき項目	説明
1	事業方針	「組織の事業方針」「製品企画プロセスからの入力」など．これを起点に「ソフトウェアの品質向上は何か」を考える．
2	市場からのクレーム，事故，故障解析	組織のフィールドでの品質保証プロセスから入力される項目．ソフトウェア製品の不具合に起因する事故や故障だけでなく，市場からのクレームなども含まれる．
3	プロセス監査結果	ISO 9001，CMMI，日本経営品質賞などに従った自組織のプロセスの監査結果．
4	他社ベンチマーク結果	他社の広報，SQuBOK，各種イベント，同業他社との技術交流会などから得た市場におけるベストプラクティスと自社の取組みの比較および市場における位置づけ．
5	ソフトウェア開発者の意見	実際にソフトウェアを開発している技術者からボトムアップで収集した意見(結果)．
6	CMMIギャップアセスメント結果	CMMIで決められた定型的なプロセス領域で抽出した問題点．

が遅延した」というのは，もちろん組織的な品質改善の起点の一つである．しかし，今後は組織内の問題だけでなく，市場や顧客からも組織的な品質向上のための種を拾ってくることを検討したい．また，事故や故障といったネガティブな情報だけでなく，競合他社との比較なども含めたポジティブな情報も欠かせないだろう．さらに，組織のトップの方針も重要であるし，実際の開発者の問題認識も無視できないはずだ．つまり，表5.3に示すような多様な考慮すべき事項から，当該のサイクルで組織的な品質向上の取組みを最大限行えるような事項を選択するとよい．

(2) 組織的品質向上の課題の発見方法

比較的成熟度の低いソフトウェア開発組織では「組織的にソフトウェアの品

質を向上しよう」と考えても，どこから手をつけてよいかわからない場合も少なくない．もちろん，ソフトウェアの開発技術のみであれば，CMMIやSLCP[3]などに記述されたプロセスを参考にできる．しかし，今まで解説してきたとおり，ソフトウェアの組織的な品質向上については，もう少し広い見地から検討したうえで，その課題を見つける必要がある．

組織的な品質マネジメントを考えるときに，単にソフトウェアという成果物の品質を保証する活動だけでなく，組織のもつさまざまなリソースや仕掛けに対して品質という観点からマネジメントを行う必要がある．

図5.2に，品質マネジメントの対象となる組織のリソースと，それに対する品質マネジメントの業務機能を示した．これらの組合せから「どのような品質マネジメントの施策があるか」という例を表5.4に示す．

表5.4のように品質マネジメントの全体像をマップすることで，組織がぜひ実現したいことに対して「できていること」「できていないこと」を明確にできるので，組織的な改善のターゲットを絞ることが可能になる．

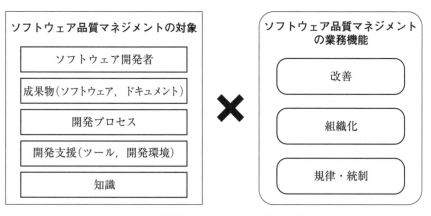

図5.2 ソフトウェア開発組織における品質マネジメントの体系

---

3) SLCP(Software LifeCycle Process)は，ソフトウェア開発だけでなく，導入，保守等も含めたソフトウェアのライフサイクルの用語および作業内容を定義したISO規格である．

表5.4 ソフトウェア開発組織における品質マネジメントの施策例

業務機能＼対象	ソフトウェア開発者	成果物(ソフトウェア,ドキュメント)	開発支援(ツール,開発環境)	プロセス	知識
改善	品質意識の確立,向上 技術教育	製品品質向上	品質向上ツール活用 オフィス環境改善 マシン環境改善	プロセス改善 不良作り込み防止 不良摘出技術	知識創造(SECI) 知識交流の場の改善
組織化	スキル認定	部品再利用 コーディング基準 各種指標	標準ツール 共通ツール 環境の共有	開発規格 標準プロセス 作業手順書 フォーマット	設計ガイド 成功/失敗事例の蓄積 共通の場の設定
規律・統制	技術教育 倫理教育	契約違反のソース混入防止	開発エリアの分離など 危険ツール使用制限	開発規格	契約にもとづく分離

5.5.3 組織的ソフトウェア品質改善サイクル

ここまで説明してきた既存のフレームワークや現状の課題から,現実的な組織的ソフトウェア品質改善サイクルを図5.3に示す.

STEP1 組織レベルの基本的な定量化

品質改善サイクルに入るための前提条件として,ソフトウェア開発組織が基本的な品質データ(ソフトウェアの成果量,開発時の品質データ,フィールドでの品質データ)を採取できるようにしておく必要がある.開発プロジェクトごとの基本的なデータを採取可能にするだけでなく,それを組織全体の数値として集計可能にするとよいだろう.

5.5 ● 継続的かつ組織的品質向上に対する取組み

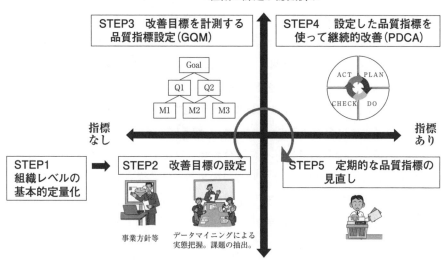

図 5.3 現実的な組織的ソフトウェア品質改善サイクル

STEP2 改善目標の設定

ソフトウェア開発組織のなかのさまざまな活動から改善が必要なものを抽出する．表5.4で示した施策から，表5.3で示した組織の現状に合わせた現実的な改善目標を設定できるとよい．ここでCMMIもうまく活用し，現状の課題に即した改善目標を設定したい．

STEP3 改善目標を計測するための品質指標作成（GQM）

前項で立てた改善目標からGQMの方法論に従い，組織内で継続的に定量管理できるような品質指標を導出する．STEP1で説明した基本的な品質データから導出するとよい．基本品質データだけでは，改善目標を定量化するのに不十分または不適切な場合，品質データの採取条件や計測方法などを変えたり，新たな項目を採取したりする．

STEP4　設定した品質指標を使った継続的改善（PDCA）

　各ソフトウェア開発プロジェクトで設定した品質データを採取し，そのプロジェクト，部署，組織全体を評価する．また，プロジェクトの単位および組織の単位でPDCAサイクルを回す．このとき，プロジェクトの単位でのPDCAサイクルは必然的にプロジェクトの開始終了時期に依存する一方で，部署や組織全体のPDCAのサイクルは独自に設定可能である．一般的に，組織全体の経営のサイクルに合わせるのが望ましい．例えば4半期ごとに事業経営のチェックを行うような組織では，それに合わせてソフトウェア生産技術のPDCAも回し，Planの部分では，その時点での事業方針に従って，品質に関する計画を立て，期間中Doを実行後，期間末にCheck-Actとして事業的な課題およびその対策と，品質面の対策がマッチしているかどうかを確認するのがよい．

STEP5　定期的な品質指標の見直し

　定期的に，その時点での事業方針と採取している品質データが対応しているかどうかをチェックし，改善または不必要なものは廃止する．品質指標見直しのタイミングも，事業経営のサイクルに合わせて実施するのがよい．

継続的な改善

　上記STEP2〜STEP5を事業目標設定，実行，評価といった事業経営のサイクルに合わせて繰り返す．

第5章の参考文献

[1] 野中郁次郎，竹内弘高（著），梅本勝博（訳）：『知識創造企業』，東洋経済新報社，1996年
[2] メアリー・ベス・クリシス，マイク・コンラド，サンディ・シュラム（著），JASPIC CMMI V1.2 翻訳研究会（訳）：『CMMI 標準教本』，日経BP社，2009年
[3] ［GQM］V. Basili, et al., 島 和之（訳）：「GOAL QUESTION METRIC パラダイム」，『ソフトウェア工学大事典』pp.359〜363，朝倉書店，1998年
[4] CMMI Institute Resource Center：*"CMMI® for Development Version 1.3 -*

Japanese Translation"(https://cmmiinstitute.com/resources/japanese-language-translation-cmmi-development-version-13)(アクセス日：2018/10/3)
［5］　クラウス・ポール，ギュンター・ベックレ，フランク・ヴァン・デル・リンデン（著），林好一，吉村健太郎，今関剛（訳)：『ソフトウェアプロダクトラインエンジニアリング』，エスアイビー・アクセス，2009 年
［6］　International Organization for Standardization："*ISO/IEC/IEEE 12207：2017, Systems and software engineering – Software life cycle processes*", 2017
［7］　ロバート・S・キャプラン，デビッド・P・ノートン 著，櫻井通晴 訳：『キャプランとノートンの戦略バランスト・スコアカード』，東洋経済新報社，2001 年
［8］　馬場粂夫：『落穂拾い(新装版)』，日立印刷，1985 年

第6章
ソフトウェア品質保証を支える技術

6.1 ▶ 本章の概要

　ソフトウェア品質保証というと，仕事に対する理解や心構えといった非技術的な側面が強調されがちである．もちろん，そのような技術以外の部分にも品質保証の本質はある．しかし，実際のソフトウェアの開発において，顧客にとって意味のある高品質な製品を開発していくためには，高度な技術は不可欠である．その一方で，ソフトウェア開発技術の説明の多くは顧客満足への言及はなく，文字どおり「製品を開発する」という視点からのものが多い．レビューやテストという技術は，製品を開発するためにも顧客に品質を保証するためにも使われるのに，既存の知識の多くは前者の目的でのみ説明されているのが現状である．

　本章では，重要なソフトウェア開発技術として，レビュー，静的解析，テスト技術について解説する．これらの技術分野には，すでに多くの良書が刊行されている．このため，本書のテーマである「ソフトウェア品質保証」という立場や観点から対象となるソフトウェアやサービスの品質を確保するための技術の特徴や考え方を中心に解説する．具体的な技法や使用するツールなどの詳細については，別の書籍で解説したいと考えている．

6.2 ▶ 品質保証としての技術の課題

(1) ソフトウェア開発プロジェクトにおける品質保証技術の課題

　ソフトウェアを開発するときに使用する技術では，開発側の効率化や作業の

正確性という観点も重要である．しかし，品質保証の観点で良い技術というのは「開発者の都合よりもお客様の満足を優先し，それに貢献できるもの」「結果として良いものができることにより重点を置いたもの」「検証(Verification)よりも妥当性確認(Validation)を重視するもの」である．

このためには当然のこととして，ソフトウェア開発の最初の時点から開発するソフトウェアに求められている利用時の品質，すなわち，「顧客がどのようにソフトウェアを使い，どのような点で満足を感じるか」ということを知っておく必要がある．この方法については，**3.3**節で説明したが，この顧客の情報を実際のソフトウェア開発の設計，コーディング，レビュー，テストといった作業のなかで，どのように技術的に活用できるのかというのが大きな課題となる．

(2) ソフトウェアのライフサイクルにおける品質保証技術の課題

ソフトウェアのライフサイクルにおける品質を考えるとき，ソフトウェアの保守性や移植性の確保が大きな課題となる．

保守性や移植性は，顧客の利用時の品質とは直接的には結びつかず，単にソフトウェア開発者の労力の問題と理解されがちである．信頼性，使用性，性能効率性の場合は利用時の品質と照らし合わせながらレビューやテストを行うことができる．しかし，保守性や移植性に欠けるソフトウェアを利用時の品質と対比することは困難であろう．そうであれば，品質保証の観点では，保守性や移植性は無視してもよいのか．答えは否である．

例を示そう．ある時点で保守性や移植性は極めて低いが，他の品質特性は十分なソフトウェアがあるとする．その時点で，そのソフトウェアを使う顧客の立場から見ると，機能も十分であり，使用性，性能効率性，信頼性，セキュリティにも満足するはずである．しかし，そのソフトウェアのその後はどうなるだろうか．保守性が低いために，顧客が必要とする機能の開発が遅れ，ときには市場で当たり前の機能がサポートできなくなるかもしれない．移植性の問題によって，新しいOSなどのプラットフォームへの対応も遅れるであろう．さ

らに，構造やコーディングが複雑で，開発者の理解が難しいソフトウェアは，その後の開発で多くの不良を作り込むであろう．

すなわち，信頼性，使用性，機能適合性，性能効率性，セキュリティ，互換性といった品質特性は，ある時点でのソフトウェアの品質を表す特性である．これに対して，保守性や移植性といった品質特性は，そのソフトウェアの「将来の品質」を表す特性なのである．

この考えにもとづき，本章では品質保証観点での技術として，ソフトウェアのアーキテクチャや構造，コーディングなどの保守性や移植性を確保するためのレビューおよび静的解析も解説する．

6.3 ▶ 品質保証観点のレビュー

6.3.1 品質計画および品質施策にもとづいたレビュー

ソフトウェアのレビューでは，「各工程の成果物が，その工程の入力(前工程の成果)およびその工程で守るべきルールに従って正確にできていること」を評価する．言い換えると，「対象の工程で正しく成果物を作っているかどうか」の評価として行われる(図6.1)．この観点から，レビューはVerificationの典型的な手段の一つとなる．

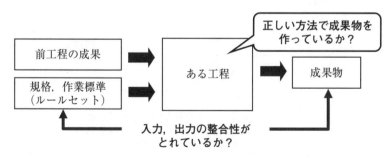

図6.1　Verificationの手段としてのソフトウェアレビュー

第6章 ● ソフトウェア品質保証を支える技術

　図 6.1 では，品質保証という観点で重視されるような顧客の観点は入っていない．品質マネジメントを品質管理と品質保証に分けて考える場合，各中間工程におけるレビューは，品質保証というよりも品質管理の側面が強い．しかし，現実のソフトウェア開発では「"正しく工程を実行している"ことの積み重ねで良いソフトウェアが開発できる」という保証はない．このため，各中間工程の成果物に対するレビューに対しても，品質保証の立場から「顧客に対してどのような意味があるのか」「そのまま開発を進めると顧客に不満足を感じさせるようなソフトウェアにならないか」ということをできるだけ考慮しながらレビューを行う必要がある．

　ある工程の成果物が顧客の目に触れるようなものの場合，品質保証の立場からの入念な評価が必要となる．一方，ソフトウェア開発の中間工程での成果物に対するレビューの場合はどうであろう．

　特に設計工程では，影響度の大きい不良が作り込まれる危険性がある．このように信頼性だけでなく，使用性，性能効率性などの設計レベルでの不良があった場合，それに続く工程や関連する機能，ユーザストーリーなどで大きな問題を作り込んだり，最終工程で問題が発生する危険性がある．したがって，中間工程での成果物であっても「品質計画(3.4節)で設定した品質施策がソフトウェア設計で実現できているかどうか」をレビューする必要がある(図 6.2)．

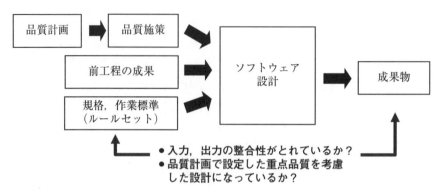

図 6.2　品質保証の立場から見たソフトウェア設計のレビュー

6.3.2　品質保証でのレビューのポイント

　前項で示した品質保証観点からのレビューを実施する際に気をつけたいポイントを解説する．

(1)　顧客視点

　品質保証としてのレビューは，開発時の資料であっても顧客の視点で評価を行う．顧客へ納入したり，顧客の目に触れたりするような資料をレビューする場合，開発側の意図と成果物とのギャップをあぶり出すだけでなく，顧客の立場でその成果物が「どのように見えるか」「どのように感じられるか」を常に意識してレビューする．内部設計や内部論理のテストなどに対するレビューであっても，顧客視点からのレビューとするよう心がける．

　顧客視点でのレビューを可能にするためには，品質保証の担当者が顧客および顧客がどのようにそのソフトウェアを使うかをよく知っておく必要がある．また，そのソフトウェアのサポートや事故などに対応するなかで得た視点を活用するとよい．

(2)　不良の効果的かつ効率的な摘出の視点

　ソフトウェアを対象に問題点を事前に摘出するという観点ではテストとレビューは似た目的の技術であるが，相違点も多い．テストでは実装された問題点を摘出することはできるが，設計を改善することはできない．レビューでは，設計の問題も摘出し対策することにより，より良い設計にすることが可能である．また，同じ不良を摘出するやり方であっても，レビューはテストに比べて経済効率的である．「設計ミスをレビューで指摘して，改善した場合のコスト」と「設計ミスを見逃して，コーディングを行い，テストでミスを見つけて修正した場合のコスト」を比較すれば，2桁以上の差が出る場合も少なくない．

(3) システム的な視点

設計者によるレビューは，自分の開発したソフトウェアを中心に据えたボトムアップ的な観点からのレビューになりがちである．品質保証の観点からレビューするためには，ソフトウェアを顧客先で使われる情報システムの部品と捉え，トップダウン的にレビューを進めていく必要がある．このため，システム工学的な技術，すなわち，FTAやFMEAなどの方法を理解し，レビューにも活用するとよいだろう．

(4) ライフサイクル的な視点

レビューは，良い設計に改善する最後の機会である．特にウォーターフォール型開発の場合，アーキテクチャや大きなレベルの設計で問題があれば，単なる一つの開発プロジェクトだけでなく，その製品のライフサイクル全体での問題になる危険性がある．このため，単に不良の摘出という観点からレビューするだけではなく，「将来的に問題を作り込みにくい設計になっているか」という観点からレビューすることも必要である．このためには，アーキテクチャや設計のパターン（POSAのアーキテクチャパターンと根底技法[5]，富士通の7つの設計原理[6]，NielsenのGUIヒューリスティクス[7]など）をよく理解し，それに沿ったレビューができるようにするとよい．

(5) 品質保証観点のレビューの確実な実施

設計やコーディングに対するレビューはソフトウェア開発で不可欠な作業になっている．ただ，「利用時の品質特性を観点としたレビュー」「保守性に焦点を当てたレビュー」というのは一般的ではないかもしれない．このため，第3章で説明した品質計画を立てるときに，「品質保証観点のレビュー」を品質作り込み施策として計画するとよい．レビュー実施時には，「設計の善し悪しを判断できるキーパーソン」が出席して，ソフトウェアに求められる利用時の品質や，保守性や移植性をチェックする．こうして，レビューにより利用時の品質や保守性の面で良い設計仕様のソフトウェアを開発することが可能になる．

6.4 ▶ 静的解析によるソースコード品質の評価

従来，ソースコードを静的解析する目的は，主に「ソースからの仕様書の自動生成」や「テストで摘出が困難だった不良の摘出」「セキュリティ関連の問題点摘出」にあった．昨今，これらに加えて，保守性や移植性を評価する目的で静的評価技術が使われるようになってきた．本節では，保守性や移植性に焦点を当てた静的評価技術の必要性および重要な観点，適用手順を解説する．

6.4.1 保守性や移植性に対応した静的解析の必要性

ソフトウェアが使い捨てであれば，保守性や移植性は重要ではない．しかし，ソフトウェアの初期開発後，長期間にわたり多くの機能の追加や改造がなされ，最初に動いていた基盤以外にも使われるようになるならば，保守性や移植性は他の品質特性と同様またはそれ以上に重要になってくる．それにもかかわらずソフトウェア開発では，これまで必ずしも重要視されてこなかった現実がある．つまり，「将来，簡単に機能追加ができない」「すぐに不良を作り込む」「他のハードウェアやOSへの移植が困難である」というお荷物的なソフトウェアになることを防止する手段をもっていなかった．そもそも機能が貧弱すぎるソフトウェアは企画されないし，不良が多すぎるソフトウェアがリリースされることはありえないだろう．しかし，一方で5年後，10年後に機能追加が困難で他社優位を築けず，いくら品質向上しても不良が取りきれないようなソフトウェアが作り出されやすい環境があったのである．

このため，ソフトウェアの品質保証という立場でも，ライフサイクルでのソフトウェア品質の保証という観点から，今後はさらに，ソースコードレベルを対象とした静的解析によるソフトウェア設計およびコーディングレベルの保守性や移植性のチェックが重要になってくる．

6.4.2 保守性や移植性から見た静的解析の観点

保守性や移植性は前項でも説明したとおり，品質保証の立場からのレビューでも重要な観点となる．

ここで，静的解析による保守性や移植性の主なチェック観点について表6.1に示す．

表6.1 静的解析による保守性や移植性の主なチェック観点

分類	チェック観点	説明
設計品質	循環参照チェック	ポインタなどの参照が循環していないか．POSA[注1]のレイヤパターンからの逸脱化，メモリリークなどのチェック
	凝集度チェック	クラスのなかのメソッドや変数の凝集度チェックなど
	クラスの複雑度	クラスのサイクロマチック複雑度
	リソース管理	リソースの解放漏れチェック
ソースコード品質	メソッド，関数の複雑度	メソッドや，関数のサイクロマチック複雑度
	クローン	ソースコードの不必要な重複．
	コメント	標準的なコメントかどうかのチェック．コメント密度など
	最大ネスト	条件文，繰り返し文の最大ネスト
	実行文の行数	一つのメソッド，関数の実行文の行数
	コーディング規格準拠	業界標準(MISRA-Cなど)，各言語に対応したコーディングガイドなど
	移植性	OS規格，言語規格準拠

注1) "Pattern Oriented Software Architecture" の略称．つまり，ソフトウェアのアーキテクチャのパターン集[5]のこと．

6.4.3 保守性や移植性に対応した静的解析の適用手順

　これらのチェック観点は，品質保証対象のソフトウェアの種類によって決める必要がある．これまで，保守性や移植性という観点から静的解析を実施していなかった組織は，以下のような手順で適用および推進するとよいだろう．

　まず，良いソースコードをコーディングするための原則を開発者に周知させる．記述するコンピュータ言語によって参考にすべき原則は異なるので，組織または開発プロジェクトでどの原則を使うかを決定する．続いて，静的解析ツールを用いて，自分の開発しているソフトウェアのソースコードの実態を知る．ここで，静的解析ツールにもいろいろな種類がある．なかには，不良摘出に特化したツールもあるし，「セキュリティや不適当な知的財産が混入していないか」をチェックするようなものもある．保守性や移植性を確保するという観点で使用したいのは，ソースコードを理解するうえで重要な情報を抽出し，ソースコードの保守性や移植性を評価するようなツールである．

　自分のコードの実態がわかったら，自分のソフトウェアの課題に対応したソースコードの保守性が上がるような施策を実行する．保守性や移植性を考えずに，長い期間保守しているようなソースコードの場合，保守性が悪く，機械的な対応では保守性が良くならない場合も多い．このような場合に，拙速にソースコードを大変更してしまうと，保守性は上がるものの不良を作り込んでしまう危険性も高くなる．このため，ある程度，中長期的な方針を立てて，ソースコードの改善を進めていく必要がある．段階的にソースコードを複数回に分けて改善していく場合，デグレードを発生させるリスクが増加する．このため，コードに対するテストが自動実行ができ，かつ確認ができるようになっているとよい．

6.5 ▶ 品質保証観点でのテスト

6.5.1 品質保証観点のテストの特徴

　テスト対象の不良を見つけ品質を評価するという観点で，品質保証としてのテストは，開発目的のテストと同様である．しかし，顧客に対する品質保証という観点では，より顧客の満足度に焦点を合わせた活動にするという点が大きく異なる．

　ここで，表6.2に「ソフトウェアの仕様や実装に焦点を合わせた開発者によるテスト」と「顧客満足に焦点を合わせた品質保証の立場からのテスト」との違いを示す．

表6.2　顧客満足に焦点を合わせたテストの特徴

比較項目	開発者によるテスト	品質保証のテスト
着目点	テスト対象ソフトウェアの品質	フィールドでの品質
品質特性	製品品質特性（外部／内部品質特性）	利用時の品質特性および製品の外部品質特性
網羅の尺度	機能，実装の網羅性	フィールドでの顧客の構成や使用方法の網羅
管理対象	不良数，不良密度など	左記に加え，事故／故障数，稼働率(可用性)，MDT，MTBFなど

　開発者によるテストの対象は，製品としてのソフトウェアの内部品質および外部品質である．これに対して品質保証のテストは，その製品がフィールドに出て使用されたときの品質である．この関係をSQuaREの品質モデルで図6.3に示す．

　開発者のテストは，ソフトウェア製品の内部品質および外部品質に着目し，そのコードなどの実装に着目したテストや機能，使用性，性能といった外部か

6.5 ● 品質保証観点でのテスト

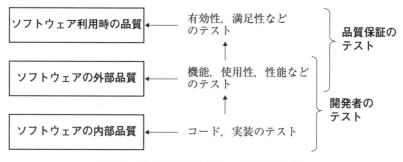

図 6.3　品質保証観点のテストの位置づけ

ら見えるソフトウェア要求にもとづく品質特性に着目したテストを行う．これに対して品質保証のテストでは，フィールドでの顧客に対する有効性や満足性といった利用時の品質に関するテストとそれに対応した外部品質特性のテストを行う．

　テストの十分度や網羅性という観点で考えたときにも，開発者のテストと品質保証としてのテストは異なる．開発者による製品の品質確保という観点では，ソフトウェア製品の実装レベルの網羅性や機能レベルの網羅性が重視される．テスト技法でいうと実装レベルの命令網羅，分岐網羅から機能網羅，状態網羅といった手法やテスト指標である．その一方で，顧客満足のテストでは，「実際のフィールドでそのソフトウェアがどのように使われるか」に着目して網羅性を測定する．例えば，実際にフィールドで稼働している顧客のシステム構成の十分度や顧客の運用方法，顧客のユースケースシナリオレベルでの十分度について測定する．

　管理のために使用されるテスト指標も変わってくる．開発者のテストでは，テストで摘出された不良の数や開発規模当たりの不良密度で評価される．これらのテスト指標は品質保証のテストでも重要であるが，さらにフィールドに出たら「どの程度顧客が満足してその製品を使ってもらえたか」の評価，つまり事故数や稼働率を測る指標も評価対象となる．ただし，開発の最終段階における品質保証の観点からのテスト（妥当性の確認）では，事故数や顧客サイトでの

稼働率という品質指標を計測することはできない．

このため，テスト環境やテスト観点，テストケースという各面において，フィールドでの顧客の環境や使用方法をできるだけシミュレートしたうえで，それに従ってテストを行い，「そこで摘出された不良がどの程度，顧客に影響を与えるのか」を考慮して，テスト対象のソフトウェアの利用時の品質を評価する．

例えば，情報の専門家向けではないソフトウェアで開発側が想定している方法で大半の顧客が「ソフトウェアのインストールが難しい」と判断した場合，「ソフトウェアの瑕疵か否か」ということに関係なく，品質保証の立場でソフトウェアのリリース前に対策を講じる必要がある．

6.5.2　品質保証の立場でのテスト観点

図6.3で「開発者のテスト」と「品質保証のテスト」が重なっている部分を気にした読者もいるだろう．この重なる部分への考え方いかんで「ソフトウェア品質保証としての独自性」が示せるかどうかが決まる．

ソフトウェア品質保証では，3.3節で説明したとおり，そのソフトウェアの利用時の品質から，ソフトウェアおよびその機能やコンポーネントの外部品質特性を導出する．ソフトウェアをテストする観点でも，導出されたソフトウェアまたは，その機能やコンポーネントごとに外部品質特性ごとのテスト観点を記述する．

ここで，これらについて作成したテスト観点表の例[11]を表6.3として示す．

表6.3では，品質主特性までしか展開していないが，活用に当たっては副特性まで分解できるとより網羅的になる．また，表6.3のすべてのセル，すなわちコンポーネントごとに，すべての外部品質特性に関してテスト観点を記述するのではなく，3.3節で解説したとおり，重要だと判断された外部品質特性について，対応したテスト観点を入れていく必要がある．

テストに対するレビューは一般的に難しい．特に他人の作ったテストをレビューする場合，その意図や網羅性などについて判断がつかないことが少なくな

表6.3 テスト観点表(例)

品質特性 機能	機能適合性	性能効率性	互換性	使用性	信頼性	セキュリティ	保守性	移植性
機能1								
機能2								
機能3								
機能4								

い．このとき，テスト観点表を使って観点レベルでレビューすれば，品質特性レベルでのテストの目的が理解しやすくなり，また，抜けに気づきやすくなる．顧客からテストを委託されているケースでも，観点レベルでの網羅性の説明に役に立つことが多い．

6.5.3 品質保証観点でのテストにおける主な施策

　品質保証での観点におけるテストを考える場合，単に「システムダウンのような極度の不満足が発生しない」というレベルの話も重要である．しかし，「もともとソフトウェアに期待していた役割が実際の業務でどの程度遂行できるのか」というレベルの話，さらには「期待していなかったが結果として満足した」というレベルの話を抜きにしては，十分な品質保証とはいえない．これらのレベルは，それぞれ狩野モデルの当たり前品質，一元的品質，魅力品質にそれぞれ相当する．

　本項では，前項で解説したソフトウェア品質保証テスト技術の特徴を実現するのに必要な主な施策やトピックを解説する．特に，当たり前品質，一元的品質，魅力品質を確認するための施策を解説する．

(1) 顧客環境を意識したテスト環境

　顧客の本番環境で事故が起きないというのは，典型的な当たり前品質である．ここで，顧客の環境で事故として顕在化したソフトウェアの不良はすべて適当

なテスト環境が開発側にあれば摘出可能なものである．これを開発側から見た観点でその不良の発生条件などを精査すると，多くの場合は複雑な発生条件があり，品質保証の本質から外れた結論となる危険性がある．品質保証の観点からいうと，製品側の仕様や実装ではなく，顧客側の使用方法に沿ってテストしていないことを反省することが重要である．

「顧客の環境を意識したテスト」と言うは易しだが，実行するのは簡単ではない．特定顧客の特定環境でのみ動くソフトウェアであっても，実際にそのマシンやネットワーク環境，データをテスト用に確保することは容易でない．さらに，不特定顧客が使用するような汎用的なソフトウェアでは，フィールドでの環境は特定できないため，より一層の困難を伴う．

昨今では，インターネットを介したサービスの提供や，インターネットを介したリモートサポートを介して，テストに有用な情報が得られるようになってきている．すなわち，「多数の顧客は，実際にどのような環境で，どのような業務シナリオで汎用的なソフトウェアを使っているのか」という膨大なデータを入手できる場合が増えてきている．

これらのビッグデータを解析し，従来のテスト環境やテスト観点などから「フィールドにおける現実との乖離がないか」をチェックして，適時，その時点でのフィールドの使われ方のテストを漏らさないようにする活動が最近重要性を増している．

顧客の使用環境をシミュレートしたシステムテスト

日立製作所では1970年代から，SST (System Simulation Test，またはTester) という取組みを継続している．SSTは，日立側の責任で顧客のシステム構成や使用データ，運用状況をシミュレートして，顧客の実運用が始まる前にシステムとしての品質を確保する施策である．SSTでテストされるハードウェアやソフトウェアは，自社製品を含めてすべて品質保証を合格している製品であるが，一連のシステムに対して特定の顧客に安心

6.5 ● 品質保証観点でのテスト

してもらうためにテストを行うのである.

　SSTは，単に顧客の構成をシミュレートするだけではない．実際の顧客環境ではテストが難しいネットワーク障害，ハードウェア障害，高負荷のテストを実現するような各種ツールを備えており，顧客での環境よりも過酷な条件で動作することも確認される．例えば，「顧客のデータ（そのもの，もしくはシミュレートしたデータ）を使い，バッチ処理が既定の時間で終了するかどうか」「クラスタリングシステム間での間欠的な通信障害が発生したときの副システムへのシステム切替えが可能かどうか」といった顧客独自の非機能要求や顧客環境に依存するようなシステム要求に対応したテストが実行可能になる.

　SSTは，基本的に特定の顧客向けの情報システムがその対象である．しかし，この考え方を汎用的なソフトウェアに展開する活動もある．汎用的なソフトウェアでいくら「顧客が不特定である」といっても，多くの場合，モデルとなるような顧客がいるだろう．そういったモデル顧客を複数個設定することで，それらの環境や使い方をベースにSST的にテストを実行する．この活動を日立では製品SSTといっている.

同件事故でわかる品質保証テスト環境の問題点

　不特定多数の顧客に使ってもらうソフトウェアで，同じ不良が複数顧客のシステムに故障を発生させてしまう場合がある（これを「同件事故」という）.

　二つの顧客の同件事故なら「偶然発生した」とすることもできるだろうが，5件，10件の顧客における同件事故の場合，「どうしてそのようなソフトウェアを出荷してしまったのか」を解析することが必要不可欠になる．

　読者のなかには，多くの顧客で同件事故が発生したことで「基本的で単純なテストケースが漏れていたのではないか」と思う方が多いかもしれな

いが，実態は異なる．

　筆者の実際の解析経験によれば，例えば「テスト漏れ」でも，単純なテスト漏れによる事故はほんのわずかで，そのほとんどが複雑に見える組合せ条件によるテスト漏れである．なかには，5つ以上の発生条件を満たさなければ故障が顕在化しないような不良にも関わらず，10件以上の同件事故を発生させてしまったものもある．このような問題が発生することが多いのは，テストを作る際にフィールドでの使用状況を全く考慮していない場合である．

　例えば，テストの組合せを考慮するときに，単に製品側の観点から組合せを考えるために，「入力パラメータ4つ以上の組合せは保証しない」という考え方を優先させてテストケースを設計してしまう場合である．このとき，フィールドでの状況などは考慮されないため，フィールドでほとんどの顧客が採用しているような組合せがテストされないまま出荷されることがあり得る．

　この背後には，テストに限らず，顧客の満足を考慮しないソフトウェア開発という本質的な問題がある．同件事故の多発という現象は，この本質的な問題が顕在化する事例であり，品質保証の立場から積極的に改善していくことが重要である．

(2) ソフトウェア品質保証観点における組合せテスト

　成熟度の高いソフトウェア開発組織においてフィールドでの事故のテスト漏れ原因を分類すると，大部分は組合せテストの漏れになる．本項では，品質保証の観点から組合せテストの十分性をどのように考えるべきかを解説する．

(a) 有則，無則，禁則

　組合せテストの十分性を考えるときに重要な考え方として，ソフトウェアテストの対象を「有則」「無則」「禁則」に分類する考え方がある[9]．

「有則」とは，仕様書に入出力の関係が明記されているような制約であり，入力がある条件で，どのように出力に変換されるかを仕様書から読みとることで，テストケースが作成可能な場合である．

「無則」とは，仕様書に明示的に書かれていないような制約である．組合せの例では，組合せの条件などが記述されていないがテストが必要な組合せであり，より具体的には「ある製品のパラメータAの取り得る値と，パラメータBの取り得る値の関係はどこにも記述されていないが，パラメータAとパラメータBを組み合わせたテストが必要な場合」などが該当する．

「禁則」とは，制約事項としてある条件が成立した場合，仕様が成立しない場合をいう．ここで，「仕様が成立しない」という結果がテスト可能であり，エラーメッセージが出るような場合は「有則」と同じ扱いにしてよいが，「仕様が成立しない」という結果がテスト不能な場合は，テスト項目をつくるときの制約条件として考慮する必要がある．

(b)　現状の課題と解決のアプローチ

最初に解説した成熟度の高いソフトウェア開発組織における事故の大部分の原因は，「無則の組合せ漏れ」である．つまり，仕様書に書いてある機能（有則部分）は漏れなく確認したが，仕様書には明示されていない他機能や環境との組合せ（無則部分）のテストが漏れたために，顧客の環境や使用方法で事故を起こす場合が多い．問題は，無則の組合せをすべて考慮するとテストが発散し，テストする時間がとれなくなるということである．この問題の解決策としては，「一様にテストを間引く方法」と「優先度をつけて優先度が低いテストを間引く方法」がある．

「一様にテストを間引く方法」は，開発側の製品仕様に着目した考え方である．実験計画法などで使われる直交表や，ペアワイズ法などを使い，膨大な量になる組合せテストを一様に間引くことが可能となる[3]．しかし，品質保証の観点では，「一様にテストを間引く方法」よりも「顧客の実際に設定している組合せを優先させるような考慮」が必要になってくる．例えば，組合せの対象

となるようなパラメータ(因子)が5つあり,それぞれがON/OFFの二値をとって,すべてのパラメータがともにフィールドでONが90%,OFFが10%となるような場合に,「すべてのパラメータがONとなるテスト」は品質保証の観点では絶対に欠かせない.しかし,これが「一様にテストを間引く方法」によると実施すべきテストが漏れる危険性が出てくる.

(c) 品質保証観点の組合せテスト

(b)からもわかるように,品質保証の観点から「テストの重要性は一様ではない」と判断することが重要になる.つまり,「フィールドでの使われ方が多く,欠かせない優先度の高いテスト」と「フィールドでの使われ方が少ない優先度の低いテスト」に意識的に分類する.このためのテスト技法としては「顧客がどのように操作をするか」を考慮した利用にもとづいたテスト技法(例えば,運用プロファイルテストなど)がある[10].

(d) 品質保証観点でのテスト自動化

組合せテスト技法を使用してもテストすべき組合せは,無則のパラメータが多くなると発散する.このテストの発散問題に対して,ソフトウェア品質保証の観点からの対応策は「優先度の高いテストからできる限り多くのテストを実行すること」である.このときに,鍵となる技術はテストの自動化である.

ソフトウェア開発側から見ると,テストの自動化は「繰り返し作業を効率化する」「複雑な作業を省力化する」というコスト削減効果があり,また人間の曖昧さ(ミス,判断のぶれ,属人的な偏り)を削減できるといわれている.もちろん,これらもテスト自動化の重要な効果ではあるが,品質保証の観点からは「"テストの十分度"を向上させること」がより重要な効果である.つまり,テスト自動化は「優先度が設定された膨大なテストを優先度の高いものから実行したときの数」をできるだけ増やすための技術となる.なお,ここでいうテスト自動化には「テストの実行」はもちろん,「確認」の段階までを含んでいることに注意してほしい.

米国でのテスト自動化今昔

1990年代中頃の話である．米国でソフトウェア開発を担当したマネージャが，自分のサイトで開発するソフトウェアの品質の悪さを嘆いていた．米国の当該組織では「テストの専門家が十分なテストをしている」という触れ込みであったが，実際にできたソフトウェアに触れてみると「日本のものに比べて信頼性が低い」という状況であった．

筆者（居駒）がそのマネージャーにインタビューしてみたところ，「米国のテストの専門家は，"テスト自動化が必要だ"というし，実際にテスト自動化は100％だ．でも，結局，テスト自動化が可能な部分しかテストをやらないから信頼性が低い」というのである．その当時，日本でもテストの自動化が課題の一つになっていたが，「自動化できるテストは本質的に必要なテストの一部だ」という認識が一般的だった．だから，筆者は，「やはり，品質に対する日米の差は大きく，少なくても信頼性の観点では日本に一日の長がある」と感じていた．

それから20年が経った．その間にいろいろな技術が革新され，また確立されて，過去には自動化が困難であったテストケースの多くが自動化できるようになってきた．そして，いつの間にか，「"全件テストの自動化が原則"としていた米国のほうが十分なテストができている」という逆転現象が起きている．

20年前の当時なら自動化できる部分は限定され，そのバージョンの信頼性という観点で日本は優位に立っていた．しかし，20年経った今，10年単位のソフトウェアのライフサイクルの観点で考えてみると，「過去のバージョンに対する自動化されたテスト」の有無によって，その後の機能追加への対応が大きく異なってくる．つまり，「過去の機能がデグレードしないことを保証できる自動テストがあること」でより積極的に新しい機能を作り込むことができるのである．その一方で，手動テストもある場合

には，新しい機能の作り込みに躊躇する場合が多くなってしまった．

　筆者には「日本が後者により適応し，それで満足していた」という点が一番大きな問題のように思える．実際，同種のソフトウェアを比べてみても，米国は次々と新しい機能に対応したり，大きく変化するハードウェアやOSなどのプラットフォームにも柔軟に対応することができる一方，日本ではたとえ一時的に米国の競合より優位に立てたソフトウェアでも，機能追加のスピードや各種OS対応の両面でついていけずに，結局は米国の後塵を拝してしまうように見える．そして，これはアジャイル開発が普及していない理由の一つにもなっている．

　日本のソフトウェア開発においても，今後，「テストはできる限り自動化すべし」という信念が必要である．

(3)　顧客を使ったユーザテスト

　魅力品質を製品に作り込むために，人間中心設計(Human Centered Design：HCD)という考え方が普及してきた．これまでの技術中心の設計では，新しい技術や開発側が想定する業務に適したソフトウェアを開発してきた．これに対して，HCDの目標は，具体的な顧客を想定したうえで，「ユーザはどのような特性をもっているのか」「どのような環境なのか」「どのような仕事をしているか」「どのような関連作業と連携しているか」などの観点から，顧客が当該のソフトウェアを使う経験を最大化することにある．

　このような人間中心設計を実現するためには，「製品企画→仕様決定→設計・施策→評価・改善→製品企画→……」といった反復的なプロセス[2]が必要となる．このなかでソフトウェアテストに相当するのが評価・改善の部分である．このプロセスでは，「ユーザテスト(実顧客にソフトウェアを操作してもらうテスト)」と「ユーザビリティインスペクション(ユーザビリティの専門家がソフトウェアを操作して分析評価をする方法)」が主に用いられる．このうち，ユーザテストについては以下のとおりである．

ソフトウェアのユーザテスト[8]とは，「テスト対象ソフトウェアを使うユーザに実際に対象のソフトウェアを操作してもらったうえで，その品質を評価する方法」である．このとき，被験者は，ランダムに選ぶのではなく，事前に設定したセグメントに属するユーザから選ぶのがよい．

セグメントとは，例えば，「大規模なIT資産管理を他社の競合ソフトウェアを使って資産管理しているものの，それに満足していないようなユーザ」「現状，紙ベースで資産管理している中小規模企業のユーザ」といった分類であり，これは開発側の思惑で決定してよい．そうして決めたセグメントから数人のユーザをリクルートし，与えられたタスクを遂行するために実際にソフトウェアを操作してもらう．操作する際には「ユーザが何を考えて操作しているのか」を逐次話してもらう．これを思考発話法とよび，「実際に被験者がどのような部分で迷い，開発者側の思惑と違う操作をしているか」などもわかるようになる．

結果については，「単に与えられたタスクが想定した時間内に終了したかどうか」というような総括的かつ量的な分析も可能であるが，「実際にユーザがテスト対象のソフトウェアをどのように使い，どのように感じるか」という生のデータや生の声を収集し，質的分析をすることも可能になる．

第6章の参考文献

[1] International Organization for Standardization : "ISO 9241-210 : 2010, Ergonomics of human-system interaction – Part 210: Human-centred design for interactive systems", 2010
[2] 日本工業標準調査会（審議）：『JIS Z 8530：2000(ISO 13407：1999)　人間工学―インタラクティブシステムの人間中心設計プロセス』，日本規格協会，2000年
[3] 秋山浩一：『ソフトウェアテスト技法ドリル』，日科技連出版社，2010年
[4] 堀内純孝：『役に立つデザインレビュー』，日科技連出版社，1992年
[5] F. ブッシュマン，H. ローネルト，M. スタル，R. ムニエ，P. ゾンメルラード（著），金澤典子，水野貴之，桜井麻里，関富登志，千葉寛之(訳)：『ソフトウェアアーキテクチャ』，近代科学社，2000年
[6] 久保宏志(監修)：『富士通におけるソフトウェア品質保証の実際』，日科技連出

版社，1989 年
- [7]　Nielsen Norman Group：「10 Usability Heuristics for User Interface Design」（https://www.nngroup.com/articles/ten-usability-heuristics/）（アクセス日：2018/8/29）
- [8]　樽本徹也：『ユーザビリティエンジニアリング　第 2 版』，オーム社，2014 年
- [9]　松尾谷徹：「ソフトウェアテストの最新動向：7. テスト／デバッグ技法の効果と効率」，『情報処理学会誌』，49 巻 2 号，2008 年
- [10]　SQuBOK 策定部会（編）：『ソフトウェア品質知識体系ガイド -SQuBOK Guide-（第 2 版）』，オーム社，2014 年
- [11]　光永洋，田中浩和：「故障事例によるテスト観点知識ベース構築とテスト設計への適用」，SQIP シンポジウム，2012 年

第7章
これからのソフトウェア品質保証

7.1 ▶ 本章の概要

 ソフトウェアを取り巻く環境は，使用面，ビジネス面，技術面，開発面のすべてにわたって，今後も大きな変化を続けていくだろう．このとき，本書で示したソフトウェア品質保証の原則は有効であろうか．

 本書の最終章として，本章は，まず，クラウド，IoT，人工知能といった昨今の新技術に対応したソフトウェア品質保証へのインパクトを説明する．最後に，本書を読み終えた読者への今後の期待を記述する．

7.2 ▶ 新技術に対応した品質保証技術

7.2.1 ハードウェアのコモディティ化と多様化

(1) 昨今の動向

 現在，ハードウェアには多様化とコモディティ化という大きな二つの流れがある．

 実世界側では，IoT(Internet of Things)に代表されるように，多種多様なデバイスがインタネットに接続される形態が増えてきた．これらのデバイス上ではソフトウェアが動作し，ほかのデバイスやクライド上のサーバと連携される．

 一方，仮想化技術の進展により，サーバ，ストレージ，ネットワークといったIT機器が，オンプレミスからクラウドへと移行されつつある．このとき単

に位置を変えたのではなく，従来専用ハードウェアで実装されていたRAIDやルータといったIT機器が，汎用のハードウェア，OS上のソフトウェアとして実装されるようになってきた．

(2) ソフトウェア品質保証へのインパクト

前項で示した二つの動向は，ハードウェア側から見ると正反対の動きに見えるが，ソフトウェアの品質保証という観点では共通する課題を提示している．まず，ソフトウェアの守備範囲が従来よりも飛躍的に広がっている．また，ソフトウェアを含む情報システムの物理的および論理的な構成がフレキシブルになっている．単に，顧客ごとに構成が異なるだけではなく，ある顧客での情報システムの構成が毎日のように変化する場合もある．これらに対応したソフトウェア品質保証が求められている．

このため，ソフトウェアの品質保証という立場では，従来の「ハードウェア関連は手作業でテストする」「顧客にソフトウェアを出荷する前に顧客の環境でテストする」というような常識は通じなくなる．すなわち，これまでの開発環境でテストしてリリースするという品質保証ではなく，より顧客の使用環境と密接に連携して利用時品質を保証していくアプローチが必要になってくる．これは，第2章で示した顧客視点の品質保証がより重要になってくることを示している．

7.2.2 深層学習

(1) 品質保証観点での深層学習の特徴

人工知能と一言でいっても多くの分野がある．品質保証という観点でいえば，例えばエキスパートシステムのようなソフトウェアの品質保証は，従来のソフトウェア品質保証技術で対応可能である．一方，機械学習，特に深層学習の分野では，これまでのソフトウェア品質保証の多くの技術は無力になる．そのため本項では，深層学習の特徴を品質保証の立場からまとめてみた．

(a) 深層学習の非決定性

深層学習の場合，同じ入力，同じプログラム，同じモデルを使っても同じ結果にはならない．たとえ顧客と同じ環境でテストしたとしても，また顧客先で一回正常に動いたとしても，次にどのような結果を出力するかは予想できない．

(b) 深層学習の品質特性

深層学習をエンジンにした人工知能サービスを提供するような場合，情報システムとしての信頼性や使用性などは評価したり確認することが可能である．しかし，いくらそのような製品品質特性が確保されたとしても，「その人工知能システムが役に立つか」「顧客が満足するか」といった利用時の品質を保証することにはならない．従来のソフトウェア品質保証モデルは，製品品質特性を確保することにより，暗に利用時の品質特性もある程度満足できることを期待していた．この期待は，深層学習の場合，まったく期待できない．

(c) 深層学習の知的財産

知的財産となるのは，プログラムではなく，プログラムが使うモデルである．モデルはデータであり，第2章で示したデータの品質特性が重要になる．

(d) 深層学習モデルの Verification

モデルのなかにある，ニューロンの構造を従来のプログラムと同様に捉え，それらの発火の網羅を観測して，従来のテスト網羅性と同様なことを行うアプローチも技術的には可能であろう．しかし，それらのニューロンレベルの網羅と，利用時の品質との相関は，従来のプログラムの網羅と比べても極めて低い．従来のような内部品質から外部品質，外部品質から使用の品質というようなアプローチが成立しない．

(2) 深層学習のソフトウェア品質保証へのインパクト
(a) 非決定論的出力をするソフトウェアの品質保証

　決定論的な結果を出すソフトウェア（例えば，消費税の算出）に対する品質保証のアプローチと，非決定論的な結果を出すソフトウェア（例えば，手書き文字の認識率向上）では，その品質保証アプローチ自体が変わってくる．深層学習のような非決定論的結果を出すソフトウェアに対する品質保証は，利用時の品質により特化した統計的な手法を確立する必要があると筆者は考えている．ただ，この場合でも，当たり前品質としての信頼性や使用性などについては本書で述べてきた従来のソフトウェア品質保証技術が有効であることは付け加えておきたい．

(b) 妥当性確認（Validation）主体の品質保証

　検証（Verification）の積み重ねで，利用時の品質が確保できないとなると，妥当性確認（Validation）主体，すなわち，利用時の品質特性をよりストレートに確認する品質保証が望まれる．これはまさしく，第2章の品質保証原則で最初に述べた「顧客視点の品質保証」そのものである．

7.3 ▶ 本書の読者への今後の期待

　ソフトウェアの品質保証という類書の多くない分野の書籍に最後まで目を通してくれたことに感謝したい．本節では，本書の内容をさらに理解し，実践するために重要なことをまとめる．

(1) 開発プロセスごとの品質保証技術の深化

　本書では，品質保証の原則を述べた後，従来の品質保証技術と，新しい品質保証技術を併記し，その違いを明確にすることを目標とした．その結果として，従来技術および新規技術ともに本質的な部分のみの記述が中心で，具体的な施策や評価などが十分に記述できていない．従来のウォーターフォール型開発の

品質保証技術の詳細については，日立製作所の先輩でもある保田氏，奈良氏による『ソフトウェア品質保証入門』(日科技連出版社，2008年)をぜひ参考にしてもらいたい．一方，アジャイル開発でも昨今，良書が多く出版されているが，アジャイル開発に対応した品質保証技術に関しては著者の知る限り良い書籍がない．この分野に関しては別の書籍として世に問うことができれば幸いである．

(2) 本書で紹介した各種技術の活用

本書で示した，FTA，FMEA，CMMI，GQM，SPLなどの各方法論は，その一つひとつが優に一冊の書籍になるほどの奥の深い技術である．本書では，ソフトウェア品質保証という側面での概略説明のみで，これらの技術に通じている読者には物足りなく，技術を知らない読者には十分な理解が得られなかったかもしれない．

本書の記述で興味をもたれた読者は，ぜひ各章末の参考文献を当たって欲しい．これらの技術は品質保証以外にも広がりをもち，十分に理解することによってソフトウェア品質保証という立場でも見識を深めることになるだろう．

(3) 読者の組織のソフトウェア品質保証業務への適用

品質保証に限らず，ソフトウェア開発関連の取組みは，決定的な処方箋というものはない．すなわち，大きな道筋を理解したうえで，自分の組織や担当するソフトウェア，担当する開発プロジェクトの特性に合わせてカスタマイズして適用していくことが重要である．まず，**第2章**で説明したソフトウェア品質保証の原則を前提に，それ以降の章を参考にしながら，ぜひ読者の組織で最適な品質保証業務を組み立ててもらえると幸いである．

(4) ソフトウェア品質保証業務外の読者への期待

本書は，「ソフトウェア品質保証部」といった専門組織の存在を極力前提とせず，どのソフトウェア開発組織でも必要となる品質保証業務という観点でその取組みを説明してきた．もちろん，専門組織や専門職であるほうが品質保証

という軸がぶれずに活動できるという面は否定できない．しかし，本書で述べてきたような顧客本位の品質保証活動を理解し実行できるのであれば，開発者であれ，経営者であれ，マーケティング担当者であれ，より良いソフトウェアを顧客に提供することが可能である．

付録：ソフトウェア品質保証原則と対応する施策一覧

(1) 顧客視点の品質保証

原則 1-a　提供している製品・サービスのフィールドでの品質を把握する．
　　3.3.2　利用時の品質要求の特定
　　4.3.1(2)　顧客それぞれに対応したサポートサービス

原則 1-b　フィールドでの製品やサービスの使われ方を把握している．
　　3.3.2　利用時の品質要求の特定
　　4.3.3　IT サービス化への対応
　　4.5.2　クレームおよび事故情報のソフトウェアへの反映

原則 1-c　品質保証の各業務が顧客視点で組み立てられている．
　　4.2　フィールド品質保証活動

原則 1-d　要求に応えるだけでなく，顧客や市場の期待を超える努力をしている．
　　3.3.2　利用時の品質要求の特定
　　4.3.3　IT サービス化への対応

原則 1-e　開発者側の課題解決だけでなく，顧客の視点で業務機能を改善している．
　　5.5　継続的かつ組織的品質向上に対する取組み

(2) 組織的な品質保証活動

原則 2-a　自組織に品質文化があり，全員に対して品質意識を醸成している．

5.3　組織的品質マネジメントの基礎
5.4.3　事故事例の組織への反映（日立の落穂拾い）

|原則 2-b|　品質保証活動がソフトウェア開発組織全体の活動となっている．
5.4.2　組織全体の品質向上運動

|原則 2-c|　顧客やソフトウェア開発の発注先なども含めた品質保証活動になっている．
3.3.2　利用時の品質要求の特定
4.4.3　サポートサービスの組織的な位置づけ
5.4.1　事故事例の共有による品質意識の醸成

|原則 2-d|　事故や課題を組織全体で共有し，組織的な改善を計画できる仕掛けがある．
5.4.1　事故事例の共有による品質意識の醸成
5.4.3　事故事例の組織への反映（日立の落穂拾い）

|原則 2-e|　組織内外のベストプラクティスをウォッチし，適時に組織全体の仕掛けに取り込める．
3.4.5　アジャイル開発における品質の計画および作り込み「組織的なアジャイル開発のノウハウの集積」
3.4.6(4)　組織的なアジャイル開発のノウハウの集積
5.5.2　組織的品質向上の現状の課題と対策

|原則 2-f|　組織各層のリーダーがリーダーシップを発揮して品質保証活動をしている．
5.2　組織的品質マネジメントの概要

(3) 定量的な先手品質マネジメント

|原則 3-a| 業務を実行する前に必ず，品質関連の目標・計画を定めている．
 4.3.3(1) ITサービスにおけるサービス品質保証
 4.4.2 サポート品質のマネジメント

|原則 3-b| ソフトウェア開発における早期の品質確保や確認の仕掛けがある．
 3.4.3 ウォーターフォール型開発における品質の計画および作り込み
 3.4.5 アジャイル開発における品質の計画および作り込み

|原則 3-c| 顧客に迷惑をかける前の予防保守および保守計画の仕掛けがある．
 4.2.9 予防保守
 4.3.5(2) インタネットベースの稼働管理，予防保守，品質向上

|原則 3-d| 未解決の不良，懸案事項，事故報告，クレームなどは常に最小限にしている．
 3.4.2(2) 品質観点でのウォーターフォール型開発の本質
 3.4.4(2) アジャイル開発での品質確保(a)：高品質成果物の積み重ね
 4.4.2 サポート品質のマネジメント
 4.2.2(6) 顧客が適時に事故原因解析の最新状況を知ることができるようにする

|原則 3-e| 事実にもとづくデータにより定量的に管理している．
 4.4.2 サポート品質のマネジメント
 5.4.4(1) 組織的な品質データ収集・活用

索　引

【英数字】

5W分析　147
7つの設計原理　172
Beck　68
CMMI　157, **158**, 160, 163, 193
COTS　90
FMEA　**48**, 172, 193
FTA　**48**, 172, 193
GQM　157, **158**, 163, 193
GUI　38, 46
　　──ヒューリスティクス　172
HCD　186
IoT　189
ISO 9001の品質7原則　23
ISO/IEC 25000　30
ISO/IEC 9126　30
ISPD　91
ITサービス化　101, 119
KPI　151
KPT　79
LOC　61
LTS　93
MTBF　135
MVCモデル　46
NEM　59, 81
Nielsen　81, 172
PDCA　164
POSA　59, 81, 172, 174
QFD　49

RUP　84, 89, 91
Schwaber　68
SCRUM　68
SE　105, 126, 129
SECI　153
SLA　119
SLCP　161
SLM　119
SPL　157, 159
SQuaRE　**30**, 32, 40, 41, 43, 58, 176
SQuBOK　22, 144
SST　180
SWOT分析　159
UX　142
V字モデル　54, 64
Webサービス　6
XP　68

【あ　行】

アカウントマネージャー　126
アジャイル開発　v, 3, 7, 9, 20, 35, 37, 52, 68, 76, 83, 88, 89, 96, 97, 134, 136, 149, 186, 193
当たり前品質　3, **29**, 38, 45, 47, 55, 121, 179, 192
油挿し　145
安定板　93
暗黙知　152
移植性　4, 30, 32, 93, 168, 173,

174, 175
一元的品質　　**28**, 38, 179
イテレーション　　69, 83, 91, 96, 97, 134, 149
インクリメント　　69, 74, 77, 82
インシデント　　12, 20, **24**, 75, 93, 102, 104, 148
　　――の受付　　106
　　――の識別　　106
　　――の重要度　　107
　　――の分類　　107
ウォーターフォール型開発　　7, 9, 20, 35, 37, 51, **53**, 57, 68, 71, 73～76, 80, 84, 86, 89, 136, 149, 172, 192
運用プロファイルテスト　　184
エンドゲーム　　88, 96
オープンソース　　v, 5, **92**, 114, 118, 120
落穂拾い　　144, 145
オンプレミス　　124, 189

【か　行】

回転率　　88
回答時間　　128
外部品質特性　　**30**, 39, 40, 45, 46, 58, 72, 80, 81, 99, 156, 177, 178
外部品質要求　　**31**, 39, 45, 47, 57, 81, 96
改良版　　115
狩野の品質モデル　　27
完了基準　　36, 58, 61, 68, 82, 98, 149

完了の定義　　76, 77
技術的負債　　83
機能要求　　28, 29, 44, 47, 95, 96
禁則　　182
銀の弾丸　　76
組合せテスト　　182, 184
クラウド　　6, 119, 189
クローン　　79, 174
形式知　　153
検証　　**26**, 44, 54, 71, 94, 104, 112, 114, 168, 192
工程の完了基準　　58, 61, 68
顧客経験価値　　142
顧客情報　　**41**, 104, 115, 124
顧客満足度　　10, 101, 149
故障　　11, 12, 20, **24**, 46, 47, 48, 99, 101, 102, 106, 109, 135, 149, 160, 181

【さ　行】

サイクルタイム　　87
サイクロマチック複雑度　　93, 174
作業ルール　　58, 61, 86
サポートエンジニア　　103
サポート品質　　124, **128**
事故　　17, 20, 21, **24**, 42, 63, 65, 93, 96, 102, 105～107, 109, 120, 124, 126, 127, 134
　　――ゼロ件目標　　127
　　――データ　　130
事実と推定　　104, 107
事前期待　　120
質的調査　　44

索引

質的分析　44, 187
しぶといバグ　65
重点監視顧客　125
重点管理事故　127
新規不良　65
人工知能　189, 190
深層学習　190
信頼性　24, 29, **39**, 40, 41, 45,
　46, 47, 54, 56〜58, 70, 81, 93, 99,
　107, 109, 131〜133, 135, 156, 168,
　170, 185, 191, 192
スクラムガイド　69
スクラムマスター　85
スケジュール管理　67, 75
ストーリーポイント　88
スプリント　69
　――0　73, 77
　――レビュー　74, 83, 86
脆弱性　59, 81, 120
静的解析　92, 134, 167, 169, 172
性能効率性　**40**, 43, 45, 60, 70,
　96, 119, 132, 156, 168
製品 SST　181
製品出荷後の価値向上　121
製品の陳腐化　121
製品品質特性　**30**, 92, 191
セキュリティ　3, 16, **30**, 32, 92,
　114, 119, 156, 168, 172, 175
設計努力　56
潜在不良　65
先手品質マネジメント　10, 19
組織的品質マネジメント　137, 140,
　141, 155

ソフトウェアアーキテクチャ　54
ソフトウェア開発プロセスモデル　35
ソフトウェア工場　iv, 7
ソフトウェアサポート　101, **102**, **115**,
　118, 120, 123〜125, 128, 130, 136
ソフトウェアサポートサービスのビジネス化　11, 116
ソフトウェアレビュー　12, 67

【た　行】

タイムボックス型　67
妥当性確認　**26**, 44, 54, 71, 73,
　86, 95, 168, 192
チケット　75, 87
知的財産権　148, 156
致命度　63
中間成果物　26, 69, 71
長寿命不良　65
直交表　183
データの品質特性　32, 191
摘出努力　56
デグレード不良　65
テスト　112, **176**, 178, 179
　――カバレッジ　122, 149
　――観点表　178
　――駆動開発　68
　――自動化　6, 184, 185
　――スイート　58
同件事故　181

【な　行】

内部品質特性　**30**
内部品質要求　57, 81

なぜなぜ分析　147
奈良隆正　56
難解な事故原因の調査　110
日本経営品質賞　160
人間中心設計　186

【は 行】

バーンダウン　82
バグ　14, **24**, 51, 76, 93
バックログ　**75**, 78, 79
　——項目　88
バランスト・スコアカード　159
非機能要求　27, 29, 44, 47, 95, 96, 181
非決定論的出力　192
品質意識　v, 15, 86, 113, 130, **138**, 140, 142
品質会計　39
品質管理　iv, 7, 11〜13, 22, 25, 101, 169
品質施策　22, 35, 36, 57, **58**, 61, 134, 169, 172
品質指標　**60**, 61, 66, 87, 121, **128**, 157, 163, 164
品質探針　94
品質の計画　5, 36, 50
品質の最終確認　36
　——フェーズ　94
品質の作り込み　20, 36, **50**
品質の定義　36, **37**, 136
品質の把握　36, **37**, 44, 49, 58, 136
品質バックログ　**80**, 86

　——項目　80, 82, 87
品質文化　15, **140**, 157
品質保証　7, 10, **22**, 35, 68, 97, 102, 167, 189
　——観点のテスト　176
　——観点のレビュー　169
　——担当者　45, 85
品質マップ　60, 62
品質マネジメント　13, 15, **22**, 83, 119, 137, 138, 156, 161, 169
品質目標　**151**
ファンクションポイント　61
フィールド稼働指標　126
フィールド品質保証　**101**, 102, 118
不良　**24**
不良の重要度別　63
不良の種別　65
不良の致命度　63
不良の作り込み　64, 113
　——バージョン　131
不良の分析　61, 113
不良の要因　62
不良の予実績管理　62
プロジェクト横断的　61, 66, 149, 152, 154
プロジェクト計画書　61
プロジェクトマネジメント　53, 75
プロセス品質　27
プロダクトオーナー　71, 85
プロダクトバックログ　81, 82
　——項目　74
プロダクト品質　27
プロトタイプ　61, 69

索　引

ペアプログラミング　68
ペアワイズ法　183
ベロシティ　74, 84
保守性　12, 45, 54, 83, 93, 121,
　168, **173**, 174, 175
ポストモーテム　74, 77, 97

【ま 行】

孚　146
魅力品質　**29**, 38, 41, 47, 121,
　179, 186
無則　182, 184
メインフレーム　3, 4, 141

【や 行】

保田勝道　56
ユーザテスト　186
ユーザビリティインスペクション
　186
ユースケースシナリオ　177
有則　182
ユニットテスト　54, 67
予防保守　20, 101, **114**, 116, 124

【ら 行】

ライフサイクル　v, **7**, 13, 35, 41,
　55, 102, 122, 132, 136〜138, 148,
　168, 172, 185
ラショナル統一プロセス　89
利害関係者　17, 53, 68, 139
リグレッションテスト　65, 122
リスク削減　155
利用時の品質　30
　──特性　**39**, 43, 172, 191, 192
　──品質要求　39, 40
リリース計画　80
リリーススプリント　96
レトロスペクティブ　74, 83, 97

[著者紹介]

梯　雅人（かけはし　まさと）

現　職	㈱日立製作所　サービス&プラットフォームビジネスユニット　制御プラットフォーム統括本部　品質保証本部　本部長
1986年	㈱日立製作所　ソフトウェア工場入社．オペレーティングシステム，ミドルウェアの品質保証を担当
1999年	分散処理関連ミドルウェアを担当し，主に金融や公共の基幹システムのメインフレームからのダウンサイジングの顧客案件を担当
2003年	ソフトウェア事業部 品質保証部 担当部長．金融系のシステム開発プロジェクト対応や，社内統合検査等を推進
2009年	同 品質保証部長
2013年	ITプラットフォーム事業本部　プラットフォームQA本部　担当本部長
2015年	サービスイノベーション統括本部　ITソリューションQA本部　本部長
2016年	IoT・クラウドサービス事業部　ITソリューションQA本部　本部長．2017年より現職

居駒幹夫（いこま　みきお）

現　職	青山学院大学 社会情報学部 学部特任教授 博士（情報学），はこだて未来大学客員教授，東京大学 工学系研究科 非常勤講師
1980年	㈱日立製作所入社．ソフトウェア工場，ソフトウェア事業部などで大規模ソフトウェア製品の品質保証，大規模システムのシステムテスト，ソフトウェア生産技術を担当
2000年	ソフトウェア事業部生産技術部長
2002年	同 プロセス改革推進室長． 　　以降，生産技術部，品質保証部等で事業部レベルのソフトウェア開発環境構築，情報システムアーキテクチャ整備，ソフトウェアテスト改革，グローバルソフトウェア開発環境構築などを担当
2009年〜13年	筑波大学システム情報工学研究科非常勤講師
2018年	日立製作所を退社．青山学院大学で任用され現在に至る．
著　書	『ソフトウェア開発入門：シミュレーションソフト設計理論からプロジェクト管理まで』（共著，東京大学出版会，2014），『ソフトウェア開発実践：科学技術シミュレーションソフトの設計』（共著，東京大学出版会，2015）

ソフトウェア品質保証の基本
時代の変化に対応する品質保証のあり方・考え方

2018 年 11 月 4 日　第 1 刷発行
2024 年 1 月 26 日　第 4 刷発行

著　者　梯　　雅人
　　　　居駒　幹夫
発行人　戸羽　節文

発行所　株式会社 日科技連出版社
〒 151-0051　東京都渋谷区千駄ケ谷 5-15-5
　　　　　　DS ビル
　　　電　話　出版　03-5379-1244
　　　　　　　営業　03-5379-1238

検印
省略

Printed in Japan

印刷・製本　港北メディアサービス㈱

© Masato Kakehashi, Mikio Ikoma 2018
ISBN 978-4-8171-9657-6
URL https://www.juse-p.co.jp/

本書の全部または一部を無断でコピー，スキャン，デジタル化などの複製をすることは著作権法上での例外を除き禁じられています．本書を代行業者等の第三者に依頼してスキャンやデジタル化することは，たとえ個人や家庭内での利用でも著作権法違反です．